普通高等教育"十三五"规划教材

Access 2016 数据库应用教程

白 艳 主 编

贾 岩 黄 月 樊太志 副主编

中国铁道出版社有限公司

CHINA RAILWAY PUBLISHING HOUSE CO., LTD.

内 容 简 介

本书以 Access 2016 为背景,介绍了关系数据库管理系统的基础理论及其应用系统开发技术。主要内容包括数据库基础知识、Access 2016 的数据库、表、查询、窗体、报表、宏等,配有丰富的例题、课后习题。

全书采用"理论与实践"相结合的模式,将课堂教学内容与实验教学内容有机结合。全书例题从始至终用的都是"教学信息管理"数据库,每个例题都是编者二十多年数据库教学中积累的材料(通过扫描二维码可以观看例题的视频内容)。

本书适合作为普通高校各专业计算机公共课的教材,也可作为相关培训班的相关用书,还可作为数据库应用系统开发人员的参考书。

图书在版编目(CIP)数据

Access 2016 数据库应用教程/白艳主编.—北京:
中国铁道出版社,2019.3(2019.5 重印)
普通高等教育"十三五"规划教材
ISBN 978-7-113-25481-0

Ⅰ.①A… Ⅱ.①白… Ⅲ.①关系数据库系统-高等
学校-教材 Ⅳ.①TP311.138

中国版本图书馆 CIP 数据核字(2019)第 022805 号

书　　名:Access 2016 数据库应用教程
作　　者:白 艳 主编

策　　划:魏 娜　　　　　　　　　　　　读者热线:(010)63550836
责任编辑:陆慧萍　冯彩茹
编辑助理:祝和谊
封面设计:付 巍
封面制作:刘 颖
责任校对:张玉华
责任印制:郭向伟

出版发行:中国铁道出版社有限公司(100054,北京市西城区右安门西街 8 号)
网　　址:http://www.tdpress.com/51eds/
印　　刷:三河市宏盛印务有限公司
版　　次:2019 年 3 月第 1 版　2019 年 5 月第 2 次印刷
开　　本:787 mm×1 092 mm　1/16　印张:15.75　字数:378 千
书　　号:ISBN 978-7-113-25481-0
定　　价:43.00 元

前 言
PREFACE

　　数据库应用技术是计算机应用的重要组成部分，尤其是大数据时代的到来，该课程不仅是计算机专业的必修课程，同时也是高等教育非计算机专业的必要课程之一，并成为高等学校非计算机专业继"大学计算机基础"课程之后的重要课程。

　　本书从数据库基本原理、概念出发，由浅入深地介绍 Access 数据库几大对象的建立、查看、修改、使用与维护等操作。全书共包含 7 章：第 1 章主要内容为数据库系统概述和 Access 系统概述；第 2 章介绍了 Access 数据库的创建方法及数据库文件的对象构成等；第 3 章介绍了 Access 数据库的第 1 个对象——数据表，包括数据表的创建、表的编辑及表间关系的创建；第 4 章介绍了查询以及 5 种查询的创建方法；第 5 章介绍窗体的创建、窗体的设计和修饰等；第 6 章介绍报表的组成、报表的创建、报表中常用控件的使用和属性、报表排序和分组等；第 7 章介绍宏的基本概念、宏的创建及宏的运行等。

　　本书从 Access 2016 的基本特性开始，由浅入深、循序渐进地详细讲解了 Access 2016 这一交互式关系数据库管理系统。本书编写的宗旨是突出应用技术，面向实际应用，尽量采用通俗易懂的语言进行叙述。本书采用案例教学法的编写模式，即"提出问题—解决问题—归纳问题"。以"教学信息管理"这一数据库贯穿全书，书中例题配备了视频文件，方便学生预习或课后复习。

　　本书由白艳任主编，贾岩、黄月、樊太志任副主编。其中，白艳编写了第 1 章~第 4 章和附录，贾岩编写了第 5 章~第 6 章，樊太志编写了第 7 章。全书的数据库由樊太志、黄月设计，书中例题配套的视频由黄月录制完成。全书由白艳统稿，由白艳、黄月和贾岩校核完成。

　　本书是全国高等院校计算机基础教育研究会 2018 年度计算机基础教育教学研究项目（项目批准号：2018-AFCEC-176）成果。

　　本书配有的电子教案、配套的数据库文件及教材例题的视频文件均可从中国铁道出版社有限公司的网站下载：http://www.tdpress.com/51eds。

　　由于编者水平有限，加之时间仓促，书中难免存在疏漏和不足之处，敬请读者批评指正。

编　者

2018 年 12 月

目 录

CONTENTS

第 **1** 章

数据库基础知识与 Access 2016

　　信息社会中信息资源的开发和利用水平已经成为衡量一个国家综合国力的重要标志之一，为了有效地使用保存在计算机系统中的大量数据，必须采用一整套严密合理的数据处理方法。数据库是 20 世纪 60 年代后期发展起来的一项重要技术，70 年代以来，数据库技术得到了迅速发展和广泛应用，已经成为计算机科学与技术的一个重要分支。今天我们生活的方方面面都离不开数据库，比如学校选课、图书馆借书、食堂买饭等，所以对我们来说，掌握数据库是迈向信息社会的第一步。

1.1　数据库系统概述

　　数据库的出现使数据处理进入了一个崭新的时代，它能把大量的数据按照一定的结构存储起来，开辟了数据处理的新纪元。数据处理的基本问题是数据的组织、存储、检索、维护和加工利用，这些正是数据库系统所要解决的问题。

1.1.1　数据、信息和数据处理

1. 数据

　　数据（Data）是指存储在某一种媒体上的能够被识别的物理符号。凡日常所见现象、事物等都是数据，数据用类型和值来表示。

　　数据在大多数人头脑中的第一个反应就是数字。其实数字只是最简单的一种数据，是数据的一种传统和狭义的理解。广义的理解，数据的种类很多，文字、图形、图像、声音、教师和学生的档案等，这些都是数据，都可以经过数字化后存入计算机，即用 0 和 1 两个符号编码来表示各种各样的数据。

　　为了了解世界，交流信息，人们需要描述这些事物。在日常生活中，直接用自然语言（如汉语）描述。在计算机中，为了存储和处理这些事物，就要抽出事物的特征组成一个记录来描述，如在"教学信息管理"系统中，学生就可以这样描述：

（杨胶，女，1986-4-30，山东，团，计算机科学）

这里的学生记录就是数据。

2. 信息

信息（Information）是经过加工处理的有用的数据。数据只有经过提炼和抽象变成有用的数据后才能成为信息。信息仍以数据的形式表示。

3. 数据处理

数据处理（Data Processing）是指将数据加工并转换成信息的过程。数据处理的核心是数据管理。计算机对数据的管理是指对各种数据进行输入、分类、组织、编码、存储、检索和维护提供操作手段。

1.1.2 数据管理技术的发展概况

随着计算机软硬件技术的发展，数据管理技术的发展大致经历了人工管理、文件系统、数据库系统 3 个阶段。

1. 人工管理阶段（20 世纪 50 年代）

数据与处理数据的程序密切相关，互相不独立，数据不做长期保存，而且依赖于计算机程序或软件。

2. 文件系统阶段（20 世纪 60 年代）

程序与数据有一定的独立性，程序和数据分开存储，程序文件和数据文件具有各自的属性。数据文件可以长期保存，但数据冗余（数据重复）度大，缺乏数据独立性，做不到集中管理。

3. 数据库系统阶段（20 世纪 60 年代后期至今）

这个阶段基本实现了数据共享，减少了数据冗余，数据库采用特定的数据模型，数据库具有较高的数据独立性，数据库系统有统一的数据控制和数据管理。

1.1.3 数据库系统的组成

1. 数据库

数据库（Database），顾名思义，是存放数据的仓库。只不过这个仓库是在计算机存储设备上，而且数据是按照一定的格式存放的。过去人们把数据存放在文件柜中，现在人们借助计算机技术和数据库技术科学地保存和管理大量复杂的数据，以便能方便而充分地利用这些宝贵的信息资源。

所谓数据库是指长期存储在计算机内的有组织的、可共享的数据集合。数据库中的数据按一定的数据模型组织、描述和存储，具有较小的冗余度、较高的数据独立性和易扩展性，并可以为各种用户共享。

2. 数据库管理系统

数据库管理系统（DataBase Management System，DBMS）是数据库系统的一个重要组成部分。它是位于用户与操作系统之间的数据管理软件，如常见的 Access、SQL Server、Oracle 等都是常用的数据库管理系统。它主要包括以下几个方面的功能：

1）数据定义功能

DBMS 提供数据定义语言（Data Definition Language，DDL），通过它可以方便地对数据库中的数据对象进行定义。

2）数据操纵功能

DBMS 还提供数据操纵语言（Data Manipulation Language，DML），可以使用 DML 操纵数据实现对数据库的基本操作，如查询、插入、删除和修改等。

3）数据库的运行管理

数据库在建立、运行和维护时由数据库管理系统统一管理、统一控制，以保证数据的安全性、完整性、多用户对数据的并发使用及发生故障后的系统恢复。

4）数据库的建立和维护功能

包括数据库初始数据的输入、转换功能，数据库的转储、恢复功能，数据库的管理重组织功能和性能监视、分析功能等。这些功能通常是由一些实用程序完成的。

3．数据库系统

数据库系统（DataBase System，DBS）是指在计算机系统中引入数据库后的系统，一般由数据库、数据库管理系统（及其应用开发工具）、数据库应用系统、数据库管理员、应用程序员和用户组成，如图 1-1 所示。

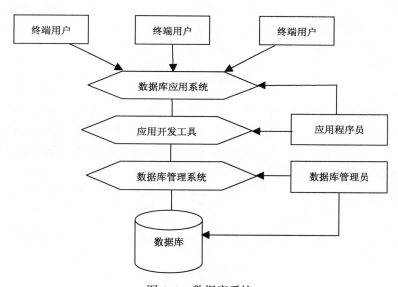

图 1-1　数据库系统

 说　明

数据库管理系统和数据库应用系统之间的区别是：前者通常指 Access、SQL Server、Oracle 等软件，后者则是在这些软件中开发的系统，如财务电算化软件、学校信息管理系统等。

1.2　数　据　模　型

数据模型是工具，是用来抽象、表示和处理现实世界中的数据和信息的工具。数据模型应满足 3 个方面的要求：一是能够比较真实地模拟现实世界；二是容易被人理解；三是便于在计算机系统中实现。

1.2.1 什么是数据模型

数据模型是客观事物及其联系的数据描述，它应具有描述数据和数据联系两方面的功能。数据模型由数据结构、数据操作和数据的约束条件 3 部分组成。其中数据结构是所研究对象类型的集合，是对系统静态特征的描述；数据操作是指对数据库中各种对象（型）的实例（值）允许执行的操作的集合；数据的约束条件是一组完整性规则的集合。所谓完整性规则是指数据模型中数据及其联系所具有的制约和依存规则，用以限定符合数据模型的数据库状态以及状态的变化，以保证数据的正确、有效、相容。

不同的数据模型实际上是提供给我们模型化数据和信息的不同工具。根据模型应用的不同目的，可以将这些模型化分为两类，它们分属于两个不同的层次。

第一类模型是概念模型，它是按用户的观点对数据和信息建模，是用户和数据库设计人员之间进行交流的工具，主要用于数据库设计，这一类模型中最著名的就是实体关系模型。另一类模型是数据模型，主要包括网状模型、层次模型和关系模型等，它是按计算机系统的观点对数据建模，主要用于 DBMS 的实现。

数据模型是数据库系统的核心和基础。各种机器上实现的 DBMS 软件都是基于某种数据模型。

1.2.2 概念模型

1．基本概念

我们知道，计算机只能处理数据，所以首先要解决的问题是按用户的观点对数据和信息建模，然后再按计算机系统的观点对数据建模。换句话说，就是要解决现实世界的问题如何转化为概念世界的问题，以及概念世界的问题如何转化为数据世界的问题，图 1-2 所示的是现实世界客观对象的抽象过程。

图 1-2　现实世界客观对象的抽象过程

在概念模型中，需要用到以下几个术语：

1）实体（Entity）

客观存在并相互区别的事物称为实体。实体可以是实际的事物，也可以是抽象的事物。例如，学生、课程等都是属于实际的事物；学生选课、教师授课等都是抽象的事物。

2）实体的属性（Attribute）

描述实体的特性称为属性。例如，学生实体用学号、姓名、性别、年龄、政治面貌、简历、照片等属性来描述。

3）实体集和实体型（Entity Set and Entity Type）

属性值的集合表示一个实体，而属性的集合表示一种实体的类型，称为实体型。同类型的实体的集合，称为实体集。

例如，学生（学号，姓名，性别，年龄，政治面貌，简历，照片）就是一个实体型。对于学生来说，全体学生就是一个实体集。

2. 实体联系模型

实体联系模型也称 E-R 模型或 E-R 图，它是描述概念世界、建立概念模型的实用工具。

E-R 图包括 3 个要素：

（1）实体。用矩形框表示，框内标注实体名称。

（2）属性。用椭圆形表示，并用连线与实体连接起来。

（3）实体之间的联系。用菱形框表示，框内标注联系名称，用连线将菱形框与有关实体相连，并在连线上注明联系类型。如图 1-3 所示为两个 E-R 图。

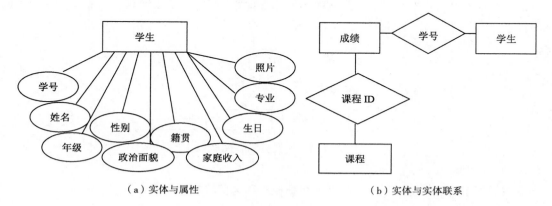

（a）实体与属性　　　　　　　　　（b）实体与实体联系

图 1-3　两个 E-R 图

实体之间的对应关系称为联系，它反映现实世界事物之间的相互联系。两个实体（设 A、B）间的联系有以下 3 种类型：

（1）一对一联系（1:1）。如果 A 中的任一属性至多对应 B 中的唯一属性，且 B 中的任一属性至多对应 A 中的唯一属性，则称 A 与 B 是一对一联系。例如，电影院中观众与座位之间、乘车旅客与车票之间、病人与病床之间等都是一对一联系。

（2）一对多联系（1:N）。如果 A 中至少有一属性对应 B 中一个以上的属性，且 B 中的任一属性至多对应 A 中的一个属性，则称 A 对 B 是一对多联系。例如，学校对系、班级对学生等都是一对多联系。

（3）多对多联系（M:N）。如果 A 中至少对应 B 中一个以上的属性，且 B 中也至少有一个属性对应 A 中一个以上的属性，则称 A 与 B 是多对多联系。例如，学生与课程之间、工厂与产品之间、商店与顾客等都是多对多联系。

1.2.3　三种数据模型

数据模型是数据库系统的基石，任何一个数据库管理系统都是基于某种数据模型的。数据库管理系统所支持的传统数据模型分为 3 种：层次模型、网状模型和关系模型。

3 种数据模型之间的根本区别在于实体之间联系的表示方式不同。层次模型是用"树结构"来表示实体之间的联系；网状模型是用"图结构"来表示实体之间的联系；关系模型是用"二维表"（或称关系）来表示实体之间的联系。

1. 层次模型

层次模型（Hierarchical Model）是数据库系统中最早出现的数据模型，它用树状结构表示各类实体以及实体之间的联系，颇为类似文件管理器的树状结构。层次模型数据库系统的典型代表是 IBM 公司的 IMS（Information Management Systems）数据库管理系统，它是一个曾经广泛使用的数据库管理系统。

在数据库中，对满足以下两个条件的数据模型称为层次模型：

（1）有且仅有一个结点无父双亲，这个结点称为"根结点"。

（2）其他结点有且仅有一个双亲。

若用图来表示，层次模型是一棵倒立的树。结点层次（Level）从根开始定义，根为第一层，根的孩子为第二层，根称为其孩子的双亲，同一双亲的孩子称为兄弟，如图 1-4 所示。

层次模型对具有一对多的层次关系的描述非常自然、直观、容易理解，这是层次数据库的突出优点。

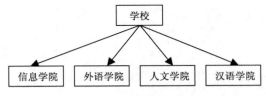

图 1-4　层次模型示意图

2．网状模型

在数据库中，对满足以下两个条件的数据模型称为网状模型（Netware Model）：

（1）允许一个以上的结点无双亲。

（2）一个结点可以有多于一个的双亲。

网状模型的典型代表是 DBTG 系统，也称 CODASYL 系统，它是 20 世纪 70 年代数据系统语言协会 CODASYL 下属的数据库任务组（Data Base Task Group，DBTG）提出的一个系统方案，图 1-5 给出了一个抽象的简单的网状模型。

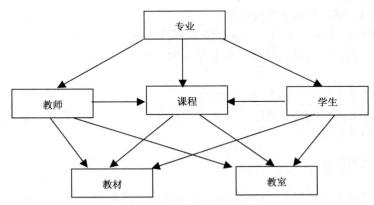

图 1-5　网状模型示意图

3．关系模型

美国 IBM 公司的研究员 E.F. Codd 于 1970 年发表了题为"大型共享系统的关系数据库的关系模型"的论文，文中首次提出了数据库系统的关系模型（Relational Model）。20 世纪 80 年代以来，计算机厂商推出的数据库管理系统（DBMS）几乎都支持关系模型，非关系系统的产品也大都加上了关系接口。IBM 的 DB2、甲骨文公司的 Oracle 和微软公司的 SQL Server 数据库是关系数据库的代表。

用二维结构来表示实体以及实体之间联系的模型称为关系模型。关系数据库模型是以关系数学理论为基础的，在关系模型中，操作的对象和结果都是二维表，这种二维表就是关系。

关系模型与层次模型、网状模型的本质区别在于数据描述的一致性，模型概念单一。在关系数据库中，每一个关系都是一个二维表，无论实体本身还是实体间的联系均用称为"关系"的二维表来表示，使得描述实体的数据本身能够自然地反映它们之间的联系，而传统的层次和网状模型数据库是使用链接指针来存储和体现联系的。

表 1-1 比较了 3 种数据模型的优缺点。

表 1-1　层次模型、网状模型及关系模型的优缺点

数 据 模 型	占用内存空间	处 理 效 率	设 计 弹 性	数据设计复杂度	界 面 亲 和 力
层次模型	高	高	低	高	低
网状模型	中	中-高	低-中	高	低-适度
关系模型	低	低	高	低	高

1.3　关系数据模型

20 世纪 80 年代以来，新推出的数据库管理系统几乎都支持关系数据模型，Access 就是一种关系数据库管理系统，本节结合 Access 来介绍关系数据库系统的基本概念。

1.3.1　关系术语及特点

关系数据模型的用户界面非常简单，一个关系的逻辑结构就是一个二维表。这种用二维表的形式表示实体和实体间联系的数据模型称为关系数据模型。目前流行的关系型数据库 DBMS 产品包括 Access、SQL Server、FoxPro、Oracle 等。

1. 关系术语

在 Access 中，一个"表"就是一个关系。图 1-6 给出了一张"教师"表，图 1-7 给出了一张"排课"表，这是两个关系。这两个表中都有唯一标识一名教师的属性"教师 ID"，根据属性"教师 ID"通过一定的关系运算可以将两个关系联系起来。

教师ID	姓名	性别	婚否	籍贯	职称	专业	所属院系	宅电	手机	照片	简历
1	李质平	男	Yes	上海	副教授	文科基础	4	01060×××77	131×××9366		1990年毕业于
2	赵侃茹	女	No	山东	讲师	文科基础	4	01084×××99	135×××4127		
3	张衣沿	男	No	山西	教授	文科基础	4	01086×××09	132×××3205		简历3
4	刘也	男	Yes	河南	讲师	文科基础	4	01068×××74	131×××5892		
5	张一弛	男	No	河南	讲师	数学	2	01066×××22	135×××8065		
6	杨齐光	男	No	四川	助教	数学	2	01061×××08	135×××0842		
7	柳坡	男	Yes	北京	讲师	数学	2	01080×××17	133×××4621		
8	张庄庄	女	Yes	四川	讲师	西语	1	01067×××66	133×××6956		
9	孙亦欧	女	No	四川	讲师	西语	1	01062×××55	133×××8937		
10	章匀	男	No	上海	教授	西语	1	01085×××18	138×××6039		简历10
11	钱如平	女	Yes	北京	副教授	原子物理	2	01086×××32	136×××5593		
12	孙月时	女	Yes	黑龙江	讲师	原子物理	2	01084×××82	138×××4352		
13	赵屏萍	女	No	天津	副教授	计算机科学	2	01084×××71	134×××5810		
14	周见什	男	Yes	四川	讲师	计算机科学	2	01068×××10	134×××8233		
15	杨佩佩	女	No	上海	教授	金融	3	01065×××09	131×××0574		简历15
16	陈俊	男	No	西藏	副教授	金融	3	01061×××61	137×××4722		

图 1-6　"教师"表

排课

星期	节次	课程ID	教师ID	教室ID	班级对象
1	5	1	22	5	/304
3	1	1	22	4	/304
1	1	2	38	1	/303/304
1	3	2	39	1	/301/302
3	5	2	39	1	/301/302
5	3	2	38	1	/303/304
2	1	3	5	5	/101/102
2	3	3	5	6	/103/104
5	1	3	5	1	/101/102
5	5	3	5	7	/103/104
5	9	4	47	1	

图 1-7 “排课”表

1）关系（Relation）

一个关系就是一个二维表，每个关系有一个关系名。其格式为：

关系名（属性名 1，属性名 2，……，属性名 n）

在 Access 中，表示为表结构：

表名（字段名 1，字段名 2，……，字段名 n），

例如，“教师”表可以描述为：

教师（教师 ID，姓名，性别，婚否，籍贯，职称，……，简历）

2）元组（Tuple）

在一个二维表（一个具体关系）中，水平方向的行称为元组，每一行是一个元组。元组对应表中的一个具体记录，例如，“教师”和“排课”两个关系各包括多条记录（或多个元组）。

3）属性（Attribute）

二维表中垂直方向的列称为属性，每一列有一个属性名，在 Access 中表示为字段名，每个字段的数据类型、宽度等在创建表的结构时进行规定。例如，“教师”中的“教师 ID”“姓名”“性别”等字段名及其相应的数据类型组成表的结构。

4）域（Domain）

属性的取值范围，即不同元组对同一个属性的取值所限定的范围。例如，“姓名”的取值范围是文字字符；性别只能从“男”“女”两个汉字中取一；“婚否”只能从逻辑真或逻辑假两个值中取值。

5）主键（Primary Key）

其值能够唯一地标识一个元组的属性或属性的组合。在 Access 中表示为字段或字段的组合，例如，“教师”中的“教师 ID”可以唯一确定一个元组，也就称为本关系的主键。由于具有某一职称的可能不止一人，所以“职称”字段不能称为“教师”表中的主键。一个表只能有一个主键，主键可以是一个字段，也可以由若干字段组合而成。

6）外键（Foreign Key）

表之间的关系是通过外键来建立的。一个表中的“外键”就是与它所指向的表中的主键对应的一个属性。如果两个表之间呈现“一对多”关系，则“一”表的主键字段必然出现在“多”表中，成为联系两个表的纽带，“多”表中出现的这个字段就被称为外键。

2. 关系的特点

关系模型看起来简单，但是并不能将日常手工管理所用的各种表格，按照一张表一个关系直接存放到数据库系统中。在关系模型中对关系有一定的要求，关系必须具有以下特点：

（1）关系必须规范化。所谓规范化是指关系模型中的每一个关系模型都必须满足一定的要

求。最基本的要求是所有属性值都是原子项（不可再分）。

　　手工制表中经常出现如表 1-2 所示的复合表。这种表格不是二维表，因为应发工资被分成基本工资、奖金和津贴 3 个属性，应扣工资存在同样的问题。为了把它作为关系来存储，必须去掉应发工资和应扣工资这两项。

表 1-2　复合表示例

姓名	职称	应发工资			应扣工资			实发工资
		基本工资	奖金	津贴	房租	水电	托儿费	

　　（2）在同一个关系中不能出现相同的属性名，即不允许同一表中有相同的字段名。
　　（3）关系中不允许有完全相同的元组，即冗余。
　　在一个关系中元组的次序无关紧要。任意交换两行的位置并不影响数据的实际含义。

1.3.2　关系运算

　　关系数据库进行查询时，需要找到用户感兴趣的数据，这就需要对关系进行一定的关系运算。关系的基本运算有两类：一类是传统的集合运算（并、差、交等），另一类是专门的关系运算（选择、投影、联接），有些查询需要几个基本运算的组合。

1. 传统的集合运算

　　进行并、差、交集合运算的两个关系必须具有相同的关系模式，即元组有相同的结构。
　　下面以学生 A（表 1-3）和学生 B（表 1-4）两个关系为例，说明传统的集合运算。

表 1-3　学生 A　　　　　　　　　　表 1-4　学生 B

学号	班级	姓名	籍贯	性别	政治面貌
101	1	许云	北京	女	团员
102	2	王洪	武汉	女	团员
103	1	孟兰	西安	女	党员

学号	班级	姓名	籍贯	性别	政治面貌
103	1	孟兰	西安	女	党员
105	1	张继海	南京	男	群众
106	1	谭向雨	长春	女	群众

　　1）并运算（union）
　　两个关系的并运算可以记作 R ∪ S，运算结果是将两个关系的所有元组组成一个新的关系，若有相同的元组，则只留下一个。
　　学生 A 与学生 B 并运算的结果如表 1-5 所示。
　　2）差运算（difference）
　　两个关系的差运算可以记作 R-S，计算结果是由属于 R 但不属于 S 的元组组成一个新的关系。
　　学生 A 与学生 B 差运算的结果如表 1-6 所示。

表 1-5　学生 A ∪ 学生 B 的结果　　　　表 1-6　学生 A-学生 B 的结果

学号	班级	姓名	籍贯	性别	政治面貌
101	1	许云	北京	女	团员
102	2	王洪	武汉	女	团员
103	1	孟兰	西安	女	党员
105	1	张继海	南京	男	群众
106	1	谭向雨	长春	女	群众

学号	班级	姓名	籍贯	性别	政治面貌
101	1	许云	北京	女	团员
102	2	王洪	武汉	女	团员

　　3）交（intersection）
　　两个关系的交运算可以记作 R ∩ S，运算结果是将两个关系中公共元组组成一个新的关系。

学生 A 与学生 B 交运算的结果如表 1-7 所示。

表 1-7　学生 A　∩　学生 B 的结果

学号	班级	姓名	籍贯	性别	政治面貌
103	1	孟兰	西安	女	党员

2．专门的关系运算

关系数据库管理系统能完成 3 种关系操作：选择、投影和联接。

1）选择（Select）

从关系中找出满足给定条件的元组的操作称为选择。选择的条件以逻辑表达式给出，使逻辑表达式的值为真的元组将被选取。例如，从表 1-3 中找出"政治面貌"为团员的学生，所进行的查询操作就属于选择操作，结果如表 1-8 所示。

2）投影（Project）

从关系模式中指定若干属性组成新的关系称为投影。

投影是从列的角度进行的运算，相当于对关系进行垂直分解。经过投影运算可以得到一个新的关系，其关系模式所包含的属性个数往往比原关系少，或者属性的排列顺序不同。投影运算提供了垂直调整关系的手段，体现出关系中列的次序无关紧要这一特点。

例如，从表 1-3 中查询学生的"学号"和"姓名"所进行的查询操作就属于投影运算，结果如表 1-9 所示。

表 1-8　选择运算结果

学号	班级	姓名	籍贯	性别	政治面貌
101	1	许云	北京	女	团员
102	2	王洪	武汉	女	团员

表 1-9　投影运算结果

学号	姓名
101	许云
102	王洪
103	孟兰

3）联接（Join）

联接用来联接相互之间有联系的两个或多个关系，从而组成一个新的关系。

每一个联接操作都包含一个联接类型和联接条件。详细内容将在后续表章节中详细介绍。

1.3.3　关系的完整性

关系的完整性是对关系数据库的一种约束条件，以保证数据的正确性和可靠性。在关系模型中有 3 类完整性约束：实体完整性、参照完整性和用户定义完整性。其中实体完整性和参照完整性是关系模型必须满足的完整性约束条件，它由关系系统自动支持。

1．实体完整性

设置主键是为了确保每个记录的唯一性，因此各个记录的主键字段值不能相同，也不能为空。如果唯一标识了数据库表的所有行，则称这个表展现了实体完整性，实体完整性要求关系的主键不能取重复值，也不能取空值。

2．参照完整性

参照完整性规则定义了外键与主键之间的引用规则。如"学号"字段在学生表中是该表的主键，在成绩表中是外键，在成绩表中该字段的值只能取"空"，或取学生表中学号的其中值之一。

3．用户定义完整性

实体完整性和参照完整性适用于任何关系数据库系统。而用户定义的完整性则是针对某一具体数据库的约束条件，由应用环境决定。它反映某一具体应用所涉及的数据必须满足的语义要求。通常用户定义的完整性主要是字段级/记录级有效性规则。

1.4　数据库设计基础

众所周知，任何软件产品的开发过程都必须遵循一定的开发步骤。在创建数据库之前，首先应对数据库进行设计。

建立一个数据库管理系统之前，合理地设计数据库的结构，是保障系统高效、准确完成任务的前提。

1.4.1　数据库设计的步骤

数据库设计过程的关键，在于明确数据的存储方式与关联方式。在各种类型的数据库管理系统中，为了能够更有效、更准确地为用户提供信息，往往需要将关于不同主题的数据存放在不同的表中，Access 也是如此。

比如一个教学信息管理数据库，至少应有两个表，一个表用来存放学生基本情况，另一个表用来存放课程情况。现在要查看某一个课程及选修该课程的学生情况，就需要在两个表之间建立一个联系（即增加一个联系表）。

所以，在设计数据库时，首先要把数据分解成不同相关内容的组合，分别存放在不同的表中，然后再告诉 Access 这些表相互之间是如何进行关联的。

虽然可以使用一个表来同时存储学生数据和课程数据，但这样数据的冗余度太高，而且无论对设计者来说，还是对使用者来说，在数据库的创建和管理上都将非常麻烦。

设计数据库的一般步骤如下：

（1）分析数据需求。确定数据库要存储哪些数据。

（2）确定需要的表。一旦明确了数据库需要存储的数据和所要实现的功能，就可以将数据分解为不同的相关主题，在数据库中为每个主题建立一个表。

（3）确定需要的字段。实际上就是确定在各表中存储数据的内容，即确立各表的结构。

（4）确定各表之间的关系。仔细研究各表之间的关系，确定各表之间的数据应该如何进行联接。

（5）改进整个设计。可以在各表中加入一些数据作为例子，然后对这些例子进行操作，看是否能得到希望的结果。如果发现设计不完备，可以对设计做一些调整。

在最初的设计中，不必担心发生错误或遗漏。若在数据库设计的初始阶段出现一些错误，在 Access 中是极易修改的。但一旦数据库中拥有大量数据，并且被用到查询、报表和窗体中之后，再进行修改就非常困难了。

所以在确定数据库设计之前一定要做适量的测试、分析工作，排除其中的错误和不合理的设计。

下面以"教学信息管理"应用系统为例，介绍数据库设计的一般过程。

1.4.2　分析建立数据库的目的

首先考虑"为什么要建立数据库及建立数据库要完成的任务"。这是数据库设计的第一步，也是数据库设计的基础。与数据库的最终用户进行交流，了解现行工作的处理过程，讨论应保存及怎样保存要处理的数据。要尽量收集与当前处理有关的各种数据表格。

建立"教学信息管理"数据库的目的是为了实现教学信息管理，对教师、学生、课程、教室等相关数据进行管理。

在功能方面的要求是：在"教学信息管理"数据库中，至少应存放教与学两方面的数据，即有关学生的情况、教师的情况、课程安排、教室安排以及考试成绩等方面的数据。要求从中可以查出每个学生各门课程的成绩、某门课程由哪位教师担任、哪些学生选修了这门课、教师及学生的上课地点以及这门课程的考试成绩等信息。如有可能，应尽量使用表格形式来描述这些数据。

1.4.3　确定数据库中的表

从确定的数据库所要解决的问题和收集的各种表格中，不一定能够找出生成这些表格结构的线索。因此，不要急于建立表，而应先进行设计。

为了能更合理地确定出数据库中应包含的表，应按下列原则对信息进行分类：

（1）若每条信息只保存在一个表中，只需在一处进行更新，这样效率高，同时也消除了包含不同信息的重复项的可能性。

（2）每个表应该只包含关于一个主题的信息，可以独立于其他主题来维护每个主题的信息。

例如，在"教学信息管理"数据库中，应将教师和学生的信息分开，这样在删除一个学生信息就不会影响教师信息；学生信息可分为两类：个人信息和学习成绩信息。

根据上述分析，可以初步拟订该数据库应包含 5 个数据表：教师、学生、成绩、课程和教室。

表确定后，就要确定每张表应该包含哪些字段。在确定所需字段时，要注意以下几点：

（1）每个字段包含的内容应该与表的主题相关，应包含相关主题所需的全部信息。

（2）不要包含需要推导或计算的数据。

（3）一定要以最小逻辑部分作为字段来保存信息。

根据以上原则，可以为"教学信息管理"数据库的各个表设置表结构，如表 1-10～表 1-14 所示。

表 1-10　"教师"表结构

字　段　名	字段类型	字段宽度	小数位数	字　段　名	字段类型	字段宽度	小数位数
教师 ID	自动编号	长整型		专业	短文本	5	
姓名	短文本	4		所属院系	数字	字节	
性别	短文本	1		宅电	短文本	12	
婚否	是/否			手机	短文本	15	
籍贯	短文本	5		照片	OLE 对象		
职称	短文本	3		简历	长文本		

表 1-11　"学生"表结构

字 段 名	字段类型	字段宽度	小数位数	字 段 名	字段类型	字段宽度	小数位数
学号	短文本	7		生日	日期/时间		
姓名	短文本	4		籍贯	短文本	5	
年级	短文本	1		政治面貌	短文本	1	
所属院系	数字	字节		家庭收入	货币		
专业	短文本	10		照片	OLE 对象		
班级 ID	短文本	3		备注	长文本		
性别	短文本	1					

表 1-12　"成绩"表结构

字 段 名	字段类型	字段宽度	小数位数
学号	短文本	7	
课程 ID	数字	字节	
考分	数字	单精度型	自动

表 1-13　"教室"表结构

字 段 名	字段类型	字段宽度	小数位数
教室 ID	自动编号	长整型	
地点	短文本	6	
多媒体	是/否		

表 1-14　"课程"表结构

字 段 名	字 段 类型	字段宽度	小数位数	字 段 名	字段类型	字段宽度	小数位数
课程 ID	数字	字节		学分	数字	字节	
课程名称	短文本	12		课时	数字	字节	
是否必修	是/否			多媒体需求	是/否		

1.4.4　确定主键及建立表之间的关系

到目前为止，已经把不同主题的数据项分在不同的表中，且在每个表中可以存储各自的数据。但是在 Access 中，每个表又不是完全孤立的部分，表与表之间有可能存在相互的联系。例如，前面创建的"教学信息管理"数据库中有 5 个表，它们的结构如表 1-10～表 1-14 所示。仔细分析这 5 个表，不难发现，不同表中有相同的字段名，如"学生"表中的"学号"，"成绩"表中也有"学号"，通过这个字段，就可以建立起这两个表之间的关系。

1．主键

为保证在不同表中的信息发生联系，每个表都有一个能够唯一确定每条记录的字段或字段组合，该字段或字段组合被称为主关键字（或称主键）。主键是用于将表联系到其他表的外部键（被联接表中与主键匹配的字段或字段组）上的，从而使不同表中的信息发生联系。

如果表中没有可作为主关键字的字段，可以在表中增加一个字段，该字段的值为序列号，以此来标识不同记录。

主键的性质：主键的值不允许重复；主键不允许是空（NULL）值。

上述几个表的主关键字为黑体字部分的字段或字段组合。

2．关系的种类

表之间的关系可以归结为 3 种类型：

1）一对一关系（one-to-one relationship）

一对一关系表现为主表中的每一条记录只与相关表中的一条记录相关联。例如，人事部门的教师表和财务部门的工资表之间就存在一对一关系。

2）一对多关系（one-to-many relationship）

一对多关系表现为主表中的每条记录与相关表中的多条记录相关联。即表 A 中的一条记录在表 B 中可以有多条记录与之对应，但表 B 中的一条记录最多只能与表 A 中的一条记录对应。

在上面建立的"教学信息管理"数据库中，"学生"表和"成绩"表之间就是一对多的关系，因为一个学生可以有多门课程的成绩。

一对多关系是最普遍的关系，也可以将一对一关系看作是一对多关系的特殊情况。

3）多对多关系（many-to-many relationship）

考察学校中学生和课程两个实体型，一个学生可以选修多门课程，一门课程有多名学生选修。因此，学生和课程之间存在多对多关系。

在 Access 中，多对多的关系表现为一个表中的多条记录在相关表中可以有多条记录与之对应。即表 A 中的一条记录在表 B 中可以对应多条记录，而表 B 中的一条记录在表 A 中也可对应多条记录。

 说 明

在 Access 或 SQL Server 等数据库中，只有一对一、一对多的关系，并没有多对多关系，多对多是理论上及实际需求会有的情况，但在数据库软件中则没有，因此，会将一个多对多关系分解为多个一对多关系。

因此，在设计数据库时，应将多对多关系分解成两个一对多关系，其方法就是在具有多对多关系的两个表之间创建第三个表，即纽带表。

在 Access 数据库中，表之间的关系一般都是一对多的关系。把一端表称为主表或父表，将多端表称为相关表或子表。

例如，"学生"表和"课程"表之间就是多对多的关系。每门课程可以有多个学生选修，同样一个学生也可以选修多门课程。而"成绩"表就是"学生"表和"课程"表之间的纽带表，通过"成绩"表把"学生"表和"课程"表联系起来。比如，通过"学生"表和"成绩"表，可以查出某个学生各门功课的成绩，而通过"课程"表和"成绩"表，可以查出某门课程都有哪些学生选修，以及这门课程的考试成绩等信息。

如果考虑到一个教师可能不止开设一门课程，而同一门课也可能有几位教师同时讲授的情况，那么"教师"表和"课程"表也是多对多的关系。为此，也应该设置一个纽带表，以把"教师"表和"课程"表分解成两个一对多关系。

基于以上考虑，在"教学信息管理"数据库中再增加一个表，"排课"表，该表作为"教师"表和"课程"表之间的纽带表，应将"教师"表的主关键字"教师 ID"和"课程"表的主关键字"课程 ID"放入其中。

新增加的"排课"的表结构如表 1-15 所示。

表 1-15　"排课"表结构

字 段 名	字段类型	字段宽度	小数位数	字 段 名	字段类型	字段宽度	小数位数
星期	数字	字节		教师 ID	数字	长整型	
节次	数字	字节		教室 ID	数字	长整型	
课程 ID	数字	字节		班级对象	短文本	10	

同理，增加"院系"表，该表的结构如表 1-16 所示。

表 1-16　"院系"表结构

字 段 名	字段类型	字段宽度	小数位数	字 段 名	字段类型	字段宽度	小数位数
院系 ID	数字	字节		办公室电话	短文本	12	
院系名称	短文本	10		院系网址	超链接		

这样，在教学信息管理数据库中共有 7 张表：学生、教师、课程、成绩、教室、排课和院系。这 7 张表之间的关系如图 1-8 所示。

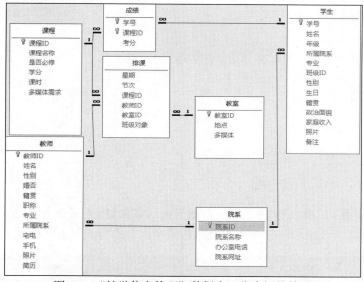

图 1-8　"教学信息管理"数据库 7 张表间的关系

1.4.5　完善数据库

在设计数据库时，由于信息复杂和情况变化会造成考虑不周，如有些表没有包含属于自己主题的全部字段，或者包含了不属于自己主题的字段。此外，在设计数据库时经常忘记定义表与表之间的关系，或者定义的关系不正确。因此，在初步确定了数据库需要包含哪些表、每个表包含哪些字段以及各个表之间的关系以后，还要重新研究一下设计方案，检查可能存在的缺陷，并进行相应的修改。只有通过反复修改，才能设计出一个完善的数据库系统。

1.5　Access 2016 系统概述

作为目前世界上最流行的关系型桌面数据库管理系统，Access 2016 是 Access 系列中的最新版本，由 2013 版升级而来，所以它既包含了 Access 2013 版本中已有的功能，同时又进行了改进和完善，使用户的操作和使用更加方便，同时功能也更加完善和人性。

1.5.1　Access 简介

Access 2016 是一种关系型的桌面数据库管理系统，是 Microsoft Office 套件之一。从 20 世纪 90 年代初期 Access 1.0 的诞生到目前 Access 2016 都得到了广泛使用。Access 历经多次升级改版，其功能越来越强大，操作反而更加简单。

1.5.2　Access 2016 启动与退出

当用户安装完 Office 2016（典型安装）之后，Access 2016 也将成功安装到系统中，这时启动 Access 就可以创建数据库。

1. 启动

启动 Access 2016 的方式，与启动其他 Office 软件完全相同，可通过"开始"菜单、桌面快捷方式、"运行"对话框中输入命令等。

2. 退出

退出 Access 2016 的方法比较多，常采用如下两种方法：
（1）单击 Microsoft　 Access 标题栏右边的"关闭"按钮 ✕ 。
（2）使用 Alt+F4 组合键。

说　明

> 如果意外地退出 Microsoft Access，可能会损坏数据库。

1.5.3　Access 2016 界面介绍

Access 2016 界面与 Office 2016 其他组件的界面基本相似，但是更为复杂。只有新建一个数据库或者打开包含表的数据库，才能看见完整的数据库界面，如图 1-9 所示。

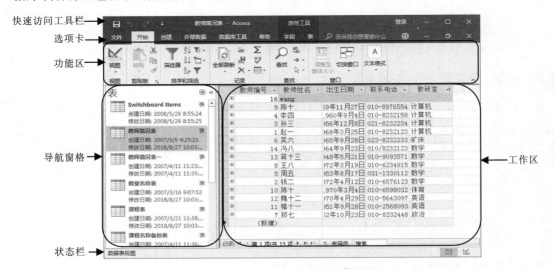

图 1-9　Access 2016 的工作界面

1．"文件"选项卡

"文件"选项卡是 Access 2016 系列软件均包含的一个选项卡，通过它可以执行一些对 Access 文件或程序的基本操作，如保存、另存为、新建、关闭等操作，如图 1–10 所示。

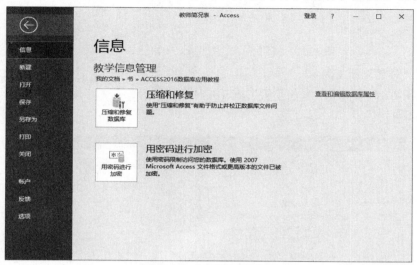

图 1–10 "文件"选项卡

在"文件"选项卡的所有选项卡和按钮中，"选项"按钮可以对 Access 应用程序和当前的数据库文件进行多种设置。

2．快速访问工具栏

快速访问工具栏默认位于 Access 工作界面顶端的左面 ，默认只有"保存""撤销"和"恢复"3 个按钮。

3．功能区

Microsoft 公司推出的 Access 系列软件中，从 2007 版本开始，逐渐使用功能区取代了原有的菜单和工具栏功能，在 2007 和 2010 版本中，部分支持菜单功能，但是在 2016 版本已经不再支持菜单功能。

功能区将软件的功能按照一定的规律分布到不同的选项卡中，在每个选项卡中又按照功能分为不同的组，每个组中又包含一些按钮。

1.5.4 Access 2016 新增功能

Access 2016 是 Access 系列中最新的版本，是由 2013 版本升级而来。所以它既包含了 Access 2013 版本中已有的功能，同时又进行了改进和完善，使用户的使用更加方便，同时功能也更加完善和人性。

1．使用"操作说明搜索"快速执行功能

在 Access 2016 的功能区上方有一个"告诉我您想要做什么"的文本框，用户可在其中输入与操作相关的字词和短语，系统立即启动进行搜索并提供相应选项，供用户查询使用，从而节省手动查找相应功能或帮助的时间和精力，如图 1–11 所示。

图 1-11　使用"操作说明搜索"快速执行功能

2. 新增"彩色"新主题

在 Access 2016 中新增"彩色"新主题，同时将"浅灰色"和"深灰色"主题用"白色"主题替代，如图 1-12 所示。

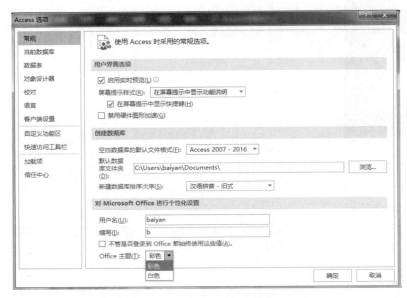

图 1-12　新增"彩色"新主题

本 章 小 结

本章主要讲述：

（1）数据与信息的关系、数据管理技术 3 个发展阶段的各自特点和数据库系统的组成。

（2）数据模型的构成和数据模型的两种分类（即概念模型和数据模型），概念世界数据描述的常用术语及实体联系模型，3 种数据模型的特点。

（3）关系数据模型的常用术语、特点及关系运算。

（4）关系模型的实体完整性、参照完整性和用户定义完整性。

（5）数据库设计的一般步骤。

（6）Access 的安装、启动与退出。

（7）Access 2016 的主界面。

（8）Access 2016 的新增功能。

习　题

一、思考题

1. 什么是数据、数据库、数据库管理系统和数据库系统？

2. 现常用的数据库管理系统软件有哪些？数据库管理系统和数据库应用系统之间的区别是什么？

3. 数据管理技术的发展大致经历了哪几个阶段？各阶段的特点是什么？

4. 名词解释：实体、实体集和实体型。

5. 数据库管理系统所支持的传统数据模型是哪 3 种？各自都有哪些优缺点？

6. 如何理解关系、元组、属性、域、主键和外键？

7. 简述设计数据库的基本步骤。

二、选择题

1. 数据库（DB）、数据库系统（DBS）和数据库管理系统（DBMS）之间的关系是（　　　）。

　　A．DBMS 包括 DB 和 DBS　　　　　　　　B．DBS 包括 DB 和 DBMS

　　C．DB 包括 DBS 和 DBMS　　　　　　　　D．DB、DBS 和 DBMS 是平等关系

2. 在数据管理技术的发展过程中，大致经历了人工管理阶段、文件系统阶段和数据库系统阶段。其中数据独立性最高的阶段是（　　　）阶段。

　　A．数据库系统　　　B．文件系统　　　C．人工管理　　　D．数据项管理

3. 如果表 A 中的一条记录与表 B 中的多条记录相匹配，且表 B 中的一条记录与表 A 中的多条记录相匹配，则表 A 与表 B 间的关系是（　　　）关系。

　　A．一对一　　　　　B．一对多　　　　　C．多对一　　　　　D．多对多

4. 在数据库中能够唯一地标识一个元组的属性（或者属性的组合）称为（　　　）。

　　A．记录　　　　　　B．字段　　　　　　C．域　　　　　　　D．关键字

5. 表示二维表的"列"的关系模型术语是（　　　）。

　　A．字段　　　　　　B．元组　　　　　　C．记录　　　　　　D．数据项

6. 表示二维表中的"行"的关系模型术语是（　　　）。

　　A．数据表　　　　　B．元组　　　　　　C．记录　　　　　　D．字段

7. Access 的数据库类型是（　　　）。

　　A．层次数据库　　　B．网状数据库　　　C．关系数据库　　　D．面向对象数据库

8. 属于传统的集合运算的是（　　　）。

　　A．加、减、乘、除　　　　　　　　　　　B．并、差、交

　　C．选择、投影、联接　　　　　　　　　　D．增加、删除、合并

9. 关系数据库管理系统的 3 种基本关系运算不包括（　　　）。

　　A．比较　　　　　　B．选择　　　　　　C．联接　　　　　　D．投影

10. 下列关于关系模型特点的描述中，错误的是（　　　）。

　　A．在一个关系中元组和列的次序都无关紧要

　　B．可以将日常手工管理的各种表格，按照一张表作为一个关系直接存放到数据库系统中

　　C．每个属性必须是不可分割的数据单元，表中不能再包含表

　　D．在同一个关系中不能出现相同的属性名

11. 在数据库设计的步骤中，确定了数据库中的表后，接下来应该（　　　）。

  A. 确定表的主键　　　　　　　　　B. 确定表中的字段

  C. 确定表之间的关系　　　　　　　D. 分析建立数据库的目的

12. 在建立"教学信息管理"数据库时，将学生信息和教师信息分开，保存在不同的表中的原因是（　　　）。

  A. 避免字段太多，表太大

  B. 便于确定主键

  C. 当删除某一学生信息时，不会影响教师信息，反之亦然

  D. 以上都不是

13. Access 所属的数据库应用系统的理想开发环境的类型是（　　　）。

  A. 大型　　　　　　B. 大中型　　　　　　C. 中小型　　　　　　D. 小型

14. Access 是一个（　　　）软件。

  A. 文字处理　　　B. 电子表格　　　C. 网页制作　　　D. 数据库管理

15. 利用 Access 创建的数据库文件，其默认的扩展名为（　　　）。

  A. .ADP　　　　　B. .DBF　　　　　C. .FRM　　　　　D. .ACCDB

三、填空题

1. 目前常用的数据库管理系统软件有_____、_____和_____。

2. _____实际上就是存储在某一种媒体上的能够被识别的物理符号。

3. 一个关系的逻辑结构就是一个_____。

4. 对关系进行选择、投影或联接运算之后，运算的结果仍然是一个_____。

5. 在关系数据库的基本操作中，从表中选出满足条件的元组的操作称为_____；从表中抽取属性值满足条件的列的操作称为_____；把两个关系中相同属性和元组联接在一起构成新的二维表的操作称为_____。

6. 要想改变关系中属性的排列顺序，应使用关系运算中的_____运算。

7. 工资关系中有工资号、姓名、职务工资、津贴、公积金、所得税等字段，其中可以作为主键的字段是_____。

8. 表之间的关系有 3 种，即一对一关系、_____和_____。

9. Access 是功能强大的_____系统，具有界面友好、易学易用、开发简单、接口灵活等特点。

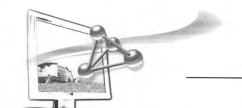

第 2 章
创建与管理数据库

2.1 创建 Access 数据库

Access 2016 提供了 3 种创建数据库的方法，方法如下：

（1）模板。此方法是利用系统提供的多个比较标准的数据库模板，在数据库向导的提示步骤下，进行一些简单的操作，就可以快速创建一个新的数据库。这种方法简单，适合初学者使用。

（2）空数据库。先创建一个空数据库，然后添加所需的表、窗体、查询、报表等对象。这种方法灵活，可以创建出用户需要的各种数据库，但操作较为复杂。

（3）根据现有的文件。此方法是利用已有的数据库创建出一个新的数据库。

在本书中，所有讲解的内容都是从空白文件的基础上创建的数据库文件，当我们学习了这些内容之后，根据模板来创建数据库文件也就可以"无师自通"了。

2.1.1 创建空数据库文件

【例 2-1】创建一个名为"教学信息管理"的空数据库文件。

启动 Access 2016，在开始界面中选择"空白数据库"选项，如图 2-1 所示。

例 2-1

图 2-1　启动 Access 2016 后新建空白数据库文件

如果启动 Access 2016 没有进入如图 2-1 所示的界面，或者在一个打开的 Access 文件中，也可以单击"文件→新建"选项卡，然后选择"空白数据库"选项，如图 2-2 所示。

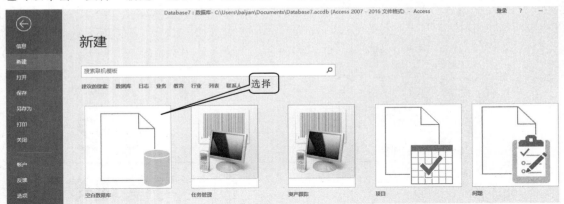

图 2-2　在"文件→新建"选项卡中新建空白数据库文件

2.1.2　打开数据库文件

在 Access 中，数据库是一个文档文件，所以可以在"这台电脑"窗口中，通过双击扩展名为.accdb 文件，即可以打开数据库文件。

除了普通的文件打开方式之外，Access 数据库文件还有一些特殊的文件打开方式，如以只读、独占或者独占只读的方式打开数据库文件，操作如图 2-3 所示。

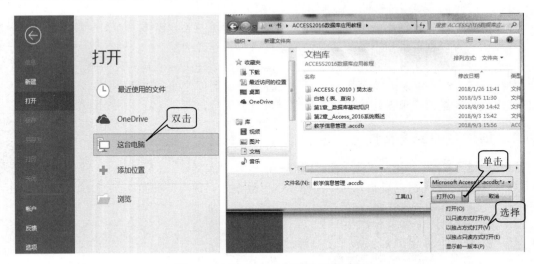

图 2-3　以独占方式打开数据库文件

（1）以只读方式打开。如果只是想查看已有的数据库并不想对它进行修改，可以选择以只读方式打开，这种方式可以防止对数据库的无意修改。

（2）以独占方式打开。可以防止网络上的其他用户访问这个数据库文件，也可以有效地保护自己对共享数据库文件的修改。

（3）以独占只读方式打开。为了防止网络上的其他用户同时访问这个数据库文件，而且不需对数据库进行修改时，可以选择这种方式，这样可以防止网上的其他用户对这个数据库文件继续进行修改。

2.1.3　数据库文件的压缩与修复

Access 数据库是一种文件型数据库，所有的数据都保存到同一个文件中，当数据库中的数据不断地增加、修改和删除时，数据库文件迅速地变大，即使删除数据库中的数据、对象，数据库文件也不会明显减小，这是因为数据库中删除数据之后，这些数据只是被标记为"已删除"，而实际上并未删除。

如果需要减小数据库文件的体积，可以通过压缩数据库文件的方法来进行，压缩数据库文件有自动压缩和手动压缩两种方法。

1．自动压缩数据库文件

自动压缩数据库文件需要在"Access 选项"对话框中进行设置，该设置只对当前数据库有效，操作如下：

打开数据库文件后，单击"文件→选项"按钮，在打开的对话框中选中左侧的"当前数据库"选项，选择右侧的"关闭时压缩"复选框，该数据库关闭时就会自动压缩，如图 2-4 所示

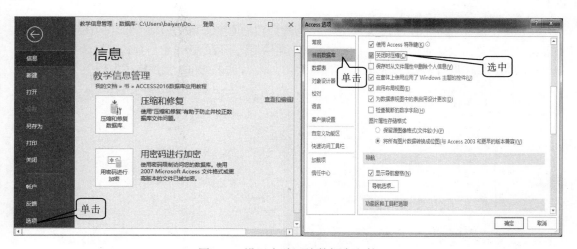

图 2-4　设置自动压缩数据库文件

2．手动压缩数据库文件

在需要时，也可以对数据库文件进行手动压缩和修复，手动压缩和修复的方法非常简单，单击"文件→信息"按钮，选择"压缩和修复"选项即可，如图 2-5 所示。

数据库文件之所以要修复，是因为数据库文件在使用过程中，可能因为各种原因导致写入不一致的情况发生，比如多个客户端访问同一个数据库的情形，这就会导致数据库文件损坏，无法再次打开这个文件。使用"压缩和修复"功能就可以在一定程度上解决这个问题。

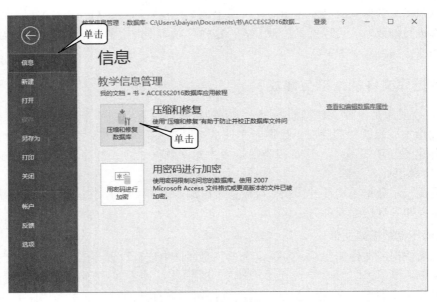

图 2-5   手动设置压缩和修复数据库文件

2.1.4   关于版本

在首次使用 Access 2016 时，默认情况下创建的数据库将采用 Access 2007-2016 文件格式，如果需要创建建的数据库采用 Access 2002-2003 文件格式，可以选择空白数据库默认文件格式为"Access 2002-2003"，以后新建的数据库都将采用 Access 2002-2003 文件格式，如图 2-6 所示。

图 2-6   更改"默认文件格式"

2.1.5   设置默认文件夹

用 Access 所创建的各种文件都需要保存在磁盘中，为了快速正确地保存和访问磁盘上的文件，应当设置默认的磁盘目录。在 Access 中，如果不指定保存的路径，则使用系统默认的保存文件的位置，即"文档"。

选择"文件→选项"按钮，在弹出的对话框中选择"常规"选项，设置默认数据库文件夹，如图 2-7 所示。

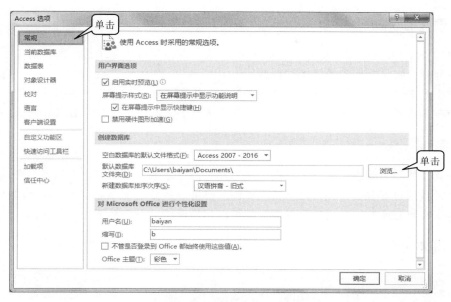

图 2-7　设置"默认数据库文件夹"

2.2　Access 2016 的数据库对象

在 Access 2003 之前，一个数据库包含的对象有表、查询、窗体、报表、页、宏和模块，这些对象都存放在一个数据库文件中。除 Web 页单独存在于数据库文件之外，数据库文件中包含的只是 Web 页的快捷链接，而不是像其他 PC 的数据库那样分别存放在不同的文件中，这样就方便了数据库文件的管理。

Access 2003 之前数据库由 7 种对象所组成，不同的对象有不同的任务，如图 2-8 所示。

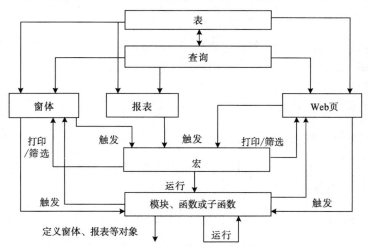

图 2-8　Access 2003 之前数据库各对象及其相互关系图

2.2.1 表（Table）

从图 2-8 中可以看到，在整个关系图中，"表"的位置处于最顶层，由它衍生出数据库对象的其他部分，它是数据库系统的数据源。

从本质上来说，查询是对表中数据的查询，窗体和报表也是对表中数据的维护。一个数据库中可能有多个表，表与表之间都是有关系的，表与表之间的关系构成数据库的核心。

2.2.2 查询（Query）

查询就是从一个或多个表（或查询）中选择一部分数据，将它们集中起来，形成一个全局性的集合，供用户查看。查询可以从表中查询，也可以从另一个查询（子查询）的结果中再查询，查询作为数据库的一个对象保存后，就可以作为窗体、报表甚至另一个查询的数据源。

2.2.3 窗体（Form）

窗体是用户与 Access 数据库应用程序交互的主要接口，用户通过建立和设计不同风格的窗体，加入数据、文字、图像、多媒体，使得数据的输入输出更加方便，程序界面友好而实用。

窗体本身并不存储数据，数据一般存在数据表中。它只是提供了访问数据、编辑数据的界面。通过这个界面，使得用户对数据库的操作更加简单。

2.2.4 报表（Report）

报表是以打印格式展示数据的一种有效方式。与窗体不同，报表不能用来输入数据。在数据库的使用中，有很大一部分用户的目的是为了打印和显示数据，尽管窗体也可提供打印和显示功能，但要产生复杂的打印输出及许多统计分析时，窗体所提供的功能是不能满足用户的需要的。而报表对数据的专业化的显示和分析功能正好弥补了窗体这方面的不足。

2.2.5 宏（Macro）

宏是由一些操作组成的集合，创建这些操作可以帮助用户自动完成常规任务。宏对象可以是单个宏命令、多个宏操作，也可以是一组宏的集合。通过事件触发宏操作，可以更方便地在窗体或报表中操作数据。

宏操作可以打开窗体、运行查询、生成报表、运行另一个宏以及调用模块等。

2.2.6 数据访问页（Web）

在 Access 2016 中，可以兼容低版本数据访问页对象，但数据访问页功能已被 Access Service 代替，可以生成 Web 数据库，并将它们发布到 SharePoint 网站上。

2.2.7 模块（Module）

模块是一个用 VBA 代码编辑的程序，基本上是由声明、语句和过程组成的集合。

对于熟悉 Visual Basic 程序设计语言的用户，可以通过 Visual Basic 程序设计语言编写数据库应用系统的前台界面，再依靠 Access 的后台支持，实现系统开发的全过程。

一般情况下，用户不需要创建模块，除非需要编写应用程序，完成宏无法实现的复杂功能。

2.3　在导航窗格中操作数据库对象

在 Access 2016 中，出现在导航窗格中的对象有 6 种，分别为表、查询、窗体、报表、宏和模块。在打开数据库文件时，在没有进行特殊设置的情况下，所有的对象都不是处于显示状态的，要对这些对象进行操作，需要通过导航窗格来进行。

2.3.1　通过导航窗格打开对象

默认情况下，打开用户手动制作的 Access 数据库之后（这里不包括设置自动打开指定对象的数据库文件），系统不会打开任何对象，如图 2-9 所示。

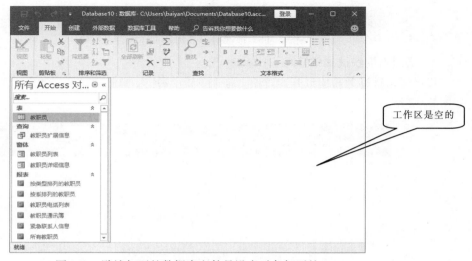

图 2-9　默认打开的数据库文件是没有对象打开的

如果要打开导航窗格中显示的对象，有以下 3 种方法：

1．双击对象名称打开

在导航窗格中双击某个对象的名称，便可在工作区打开这个对象，如图 2-10 所示。

图 2-10　双击对象名称打开对象

2．移动对象到工作区打开

将需要打开的对象名称拖动到 Access 工作区，可以打开该对象，如图 2-11 所示。

图 2-11　拖拽对象名称到工作区打开对象

3．通过右键快捷菜单打开

将鼠标指针移到需要打开的对象名称上，然后右击，选择"打开"命令，即可打开该对象，如图 2-12 所示。

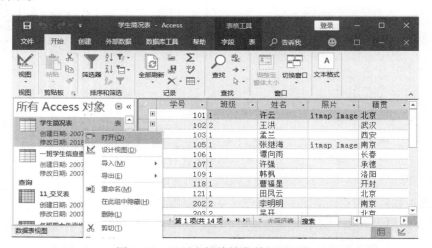

图 2-12　通过右键快捷菜单打开对象

2.3.2　设置对象在导航窗格中的显示效果

在导航窗格中，Access 数据库对象的显示包括类别显示、排序显示和查看方式 3 个方面的内容。

1．对象的显示类别

在导航窗格中，对象的浏览类别有自定义、对象类型、表和相关视图、创建日期及修改日期 5 种。

单击导航窗格的标题或者在导航窗格标题上右击，在"类别"子菜单中即可以选择浏览类别，如图 2-13 所示。

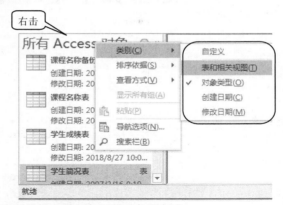

图 2-13　设置导航窗格对象浏览对象的方式

在这些浏览类别中，除了"自定义"类别需要手动设置以外，其他的类别都是自动设置的。

手动自定义显示类别的操作如下：

步骤 1：打开"导航窗格"对话框。

在导航窗格标题上右击，在弹出的菜单中选择"导航选项"命令，如图 2-14 所示。

步骤 2：添加自定义组。

在"类别"列表框中选择"自定义"选项，单击"添加组"按钮，如图 2-15 所示。

步骤 3：设置自定义组名。

在新添加的自定义组中将组名更改为需要的自定义组名，如"学生管理"，结果如图 2-16 所示。

图 2-14　选择"导航选项"

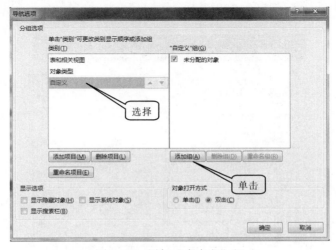

图 2-15　添加"自定义"组

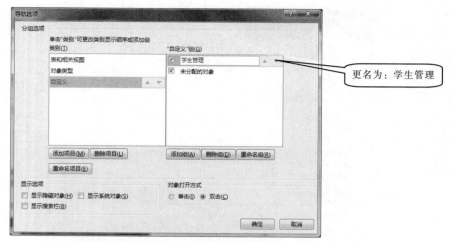

图 2-16　添加"自定义"组"学生管理"

步骤 4：切换浏览类别至"自定义"类别，如图 2-17 所示。

图 2-17　切换浏览类别至"自定义"类别

步骤 5：将对象拖动至自定义组"学生管理"中。

选择"未分配的对象"组中的需要的对象，将其拖动至"学生管理"自定义组中，如图 2-18 所示。

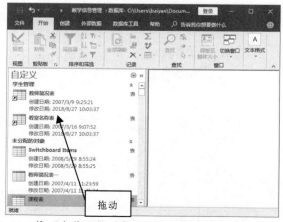

图 2-18　将"未分配的对象"组中的对象拖动至自定义组中

2．对象的排序显示

将导航窗格中的对象按照一定的顺序进行排列，可以更为方便地查找和使用。对导航窗格中的对象进行排序，只会对各个组内部的数据进行排序，各个组的顺序是不会发生变化的。

在导航窗格上右击，弹出快捷菜单，在"排序依据"子菜单中有两栏选项，上面一栏指定进行升序排序还是降序排序，下面一栏指定根据什么类型进行排序，如图 2-19 所示。

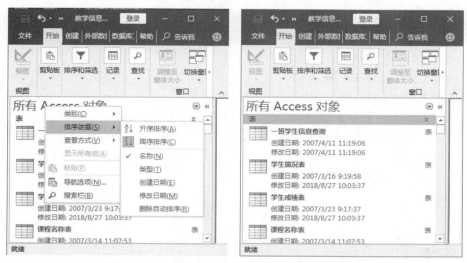

图 2-19　对导航窗格中的对象进行排序及其效果

3．对象的查看方式

与 Windows 系统中查看文件的方式类似，这里不再赘述。

2.3.3　隐藏和显示导航窗格

在编辑 Access 数据库文件时，大部分的操作都是在工作区中完成的，如果不需要使用导航窗格，可以将导航窗格隐藏，使得工作区有更大的空间可用。

单击导航窗格标题右侧的《按钮，可以隐藏和显示导航窗格，如图 2-20 所示。

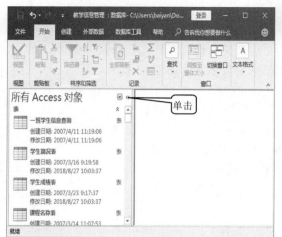

图 2-20　隐藏导航窗格及其效果

2.4 Access 2016 的在线学习

选择"帮助"命令，就可以像 Office 其他软件一样使用在线功能完成自学。

本 章 小 结

本章主要讲述：

（1）创建数据库的两种常用方法，即使用模板创建数据库和创建空数据库。

（2）打开数据库的常用方法。

（3）数据库文件压缩的 2 种方法。

（4）不同版本数据库的相互转换及设置数据库默认文件夹。

（5）数据库中 7 种对象的关系。

（6）使用导航窗格操作数据库对象。

（7）Access 2016 在线学习的使用。

习 题

一、思考题

1. 请说明 Access 数据库中七大对象之间的关系。

2. Access 2016 是什么类型的数据库管理系统？

3. 利用 Access 数据库模板创建的数据库与创建的空数据库有哪些不同？

4. 常用的打开数据库的方法是什么？

5. 不同版本数据库之间可以相互转化吗？

6. 如何设置数据库文件保存的默认位置？

二、选择题

1. Access 2016 所属的数据库应用系统的理想开发环境的类型是（   ）。

    A. 大型   B. 大中型   C. 中小型   D. 小型

2. Access 是一个（   ）软件。

    A. 文字处理   B. 电子表格   C. 网页制作   D. 数据库管理

3. 利用 Access 2016 创建的数据库文件，其默认的扩展名为（   ）。

    A. .ADP   B. .DBF   C. .FRM   D. .ACCDB

4. 在 Access 中，建立数据库文件可以单击"文件"（   ）命令。

    A. 新建   B. 打开   C. 保存   D. 另存为

5. Access 2016 建立的数据库文件，默认为（   ）版本。

    A. Access 2007-2016   B. Access 2000

    C. Access 2002-2003   D. 以上都不是

6. 以下不属于 Access 数据库对象的是（   ）。

    A. 窗体   B. 组合框   C. 报表   D. 宏

7. 在 Access 数据库对象中，不包括（   ）对象。

A. 窗体   B. 表   C. 工作簿   D. 报表

8. Access 中的（　　　　）对象允许用户使用 Web 浏览器访问 Internet 或企业网中的数据。

  A. 宏   B. 表

  C. 数据访问页   D. 模块

9. Access 数据库中存储和管理数据的基本对象是（　　　　），它是具有结构的某个相同主题的数据集合。

  A. 窗体   B. 表   C. 工作簿   D. 报表

10. 数据表及查询是 Access 数据库的（　　　　）。

  A. 数据来源   B. 控制中心   C. 强化工具   D. 用于浏览器浏览

11. 下列说法中正确的是（　　　　）。

  A. 在 Access 中，数据库中的数据存储在表和查询中

  B. 在 Access 中，数据库中的数据存储在表和报表中

  C. 在 Access 中，数据库中的数据存储在表、查询和报表中

  D. 在 Access 中，数据库中的全部数据都存储在表中

三、填空题

1. Access 是功能强大的_____系统，具有界面友好、易学易用、开发简单、接口灵活等特点。

2. _____是数据库中用来存储数据的对象，是整个数据库系统的基础。

3. Access 数据库中的对象包括：_____、_____、_____、_____、_____、_____、_____。

4. Access 中，除_____之外，其他对象都存放在一个扩展名_____的数据库文件中。

四、上机实验

1. 安装与卸载 Office 办公套件中的 Access 组件。

2. 用两种以上的方法启动 Access 2016 数据库管理系统，了解 Access 2016 主窗口。

3. 通过 Access 的快捷图标启动 Access。如果没有快捷图标，请自己在桌面上或快速启动栏中建立一个 Access 的快捷图标。

4. 在 D 盘根目录下创建一个名为 "Access" 的文件夹。然后设置该文件夹为默认数据库文件夹。

5. 在 "D:\Access" 文件夹中创建一个名为 "教学信息管理" 的空数据库。

6. 利用数据库提供的 "联系人" 模板，在 "Access" 文件夹中创建一个名为 "人员管理" 的数据库。

7. 用不同的方法打开 "人员管理" 数据库。

8. 用不同的方法关闭 "人员管理" 数据库。

9. 用不同的方法退出 Access 系统。

第 3 章

建立数据表和关系

在数据库中，数据表是用来存储信息的仓库，是整个数据库的基础，就像房子的地基，以后的一切应用都源发于此，所以建立数据库后，下一步便是建立数据表。然后建立相关表之间的关系，关系就是各个数据表之间通过相关字段建立的联系。

建立了表的组成结构以及表与表之间的关系后，再输入数据，可以保证数据的完整性，数据库的其他对象才能在表的基础上进行创建。

3.1 创 建 表

Access 提供了 2 种常用创建表的方法：

（1）使用"数据表视图"创建表。

（2）使用"设计视图"创建表。这是一种最常用的方法。

3.1.1 使用数据表视图创建表

在新建的数据库中，已经包含一张空白的表。可以在这张表的基础上完善第一张数据表，也可以从头开始创建表。

【例 3-1】使用"数据表视图"创建"教室"表，该表的结构参照表 1-13。

步骤 1：打开例 2-1 创建的"教学信息管理"数据库。

步骤 2：单击"ID"字段列，选择"表格工具→字段→属性→名称和标题"选项，如图 3-1 所示。

步骤 3：弹出"输入字段属性"对话框，在"名称"文本框中输入"教室 ID"，如图 3-2 所示，单击"确定"按钮。

例 3-1

图 3-1　选择"名称和标题"按钮

图 3-2　"输入字段属性"对话框

步骤 4：选择"教室 ID"字段列，单击"字段→格式→数据类型" 下拉按钮，在弹出的下拉列表中选择"自动编号"，若需要设置字段大小，再在"字段大小"文本框中输入即可，如图 3-3 所示。

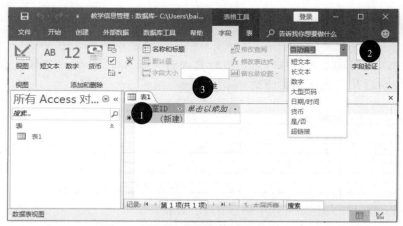

图 3-3　设置字段数据类型和字段大小

步骤 5：单击"单击以添加"列的下拉按钮，从弹出的下拉列表中选择"短文本"，这时 Access 自动为该字段命名为"字段 1"，如图 3-4 所示。在"字段 1"文本框中输入"地点"，在"属性→字段大小"文本框中输入 6。

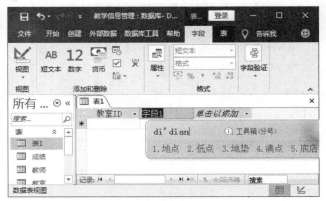

图 3-4　添加新字段

步骤 6：按照"教室"表结构，按照上一步添加其他字段，结果如图 3-5 所示。

步骤 7：单击"保存"按钮，以"教室"为名称保存数据表。

图 3-5　创建的"教室"表

 说　明

　　使用数据表视图建立表结构时无法进行更详细的属性设置，对于比较复杂的表结构，可以在创建完毕后使用设计视图修改。

3.1.2　使用设计视图创建表

　　在"设计视图"中，首先创建表的结构，然后切换到"数据表视图"。既可以手动输入数据，也可以使用某些其他方法（如通过窗体）来输入数据。

　　【例 3-2】使用"设计视图"创建"教师"表，该表的结构参照表 1-10。

　　步骤 1：打开例 2-1 创建的"教学信息管理"数据库。

　　步骤 2：选择"创建→表格→表设计"选项。

　　步骤 3：单击"设计视图"的第 1 行"字段名称"列，并在其中输入"教师 ID"；单击"数据类型"列的下拉按钮，在弹出的 下拉列表中选择"自动编号"数据类型，在字段属性区，设置字段大小为"长整型"，如图 3-6 所示。

例 3-2

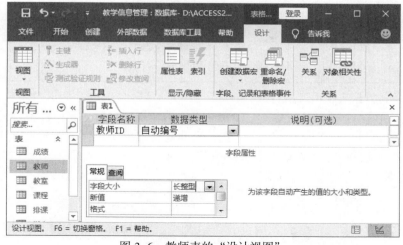

图 3-6　教师表的"设计视图"

步骤 4：单击"设计视图"的第 2 行"字段名称"列，并在其中输入"姓名"；单击"数据类型"列的下拉按钮，在弹出的 下拉列表中选择"短文本"数据类型，在字段属性区，设置字段大小为"4"。

步骤 5：按同样的方法，分别设计表中的其他字段。

步骤 6：定义完全部字段后，单击第一个字段"教师 ID"的选定器，然后选择"表格工具→设计→工具→主键"选项，给"教师"表定义一个主关键字。

步骤 7：单击"保存"按钮，以"教师"为名称保存数据表。

 说　明

在一个数据表中，若某一字段或几个字段的组合值唯一标识一个记录，则称其为关键字，当一个数据表有多个关键字时，可以从中选出一个作为主关键字（主键）。

【例 3-3】使用表的"设计视图"创建"学生"表、"成绩"表和"课程"表，具体表的结构如表 1-11、表 1-12 和表 1-14 所示。

操作过程请参照"教师"表的创建过程，这里不再赘述。

3.2　输　入　数　据

在建立了表结构后，就可以向表中输入数据。向表中输入数据就好像在一张空白表格内填写数字一样简单。在 Access 中，可以使用数据表视图向表中输入数据，也可以导入已有的其他类型文件。

3.2.1　使用数据表视图直接输入数据

Access 输入信息的基本方法是通过数据表视图实现。

【例 3-4】向"教师"表中输入两条记录，输入内容如表 3-1 所示。

例 3-4

表 3-1 "教师"表内容

教师 ID	姓名	性别	婚否	籍贯	职称	专业	所属院系	宅电	手机	照片	简历
1	李质平	男	-1	上海	副教授	文科基础	4	01060×××77	131×××9366	图像 1	复旦大学
2	赵侃茹	女	0	山东	讲师	文科基础	4	01084×××99	135×××4127	图像 2	

步骤 1：在"数据表视图"下打开"教师"表。

步骤 2：从第 1 个空记录的第一个字段分别开始输入，当输入到照片字段时，将鼠标指针指向该记录的"照片"字段列，右击，在弹出的快捷菜单中选择"插入对象"命令，弹出如图 3-7 所示的对话框，在该对话框中选择"新建"单选按钮，在"对象类型"中选择"Bitmap Image"选项，最后单击"确定"按钮。

图 3-7 "插入对象"对话框

步骤 3：打开如图 3-8 所示的"画图"程序，选择"剪贴板→粘贴来源"选项，弹出"粘贴来源"对话框，找到存放图片的文件夹，并打开所需的图片。

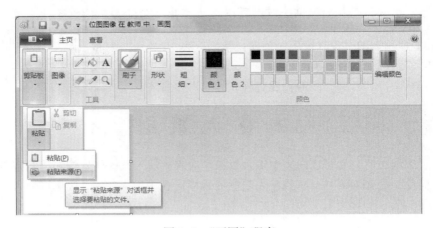

图 3-8 "画图"程序

步骤 4：按 Enter 或按 Tab 键转至下一个字段，即"简历"字段，输入"复旦大学"，"教师"表的第一条记录已输入完成。按 Enter 或按 Tab 键转至第二条记录，依次类推。

步骤 5：输入全部记录后，单击"教师"表右上角的"关闭"按钮，即可保存表中的数据记录。

3.2.2　表的导入和链接

Access 为使用外部数据源的数据提供了 2 种选择：导入和链接。

所谓导入是将数据导入到新的 Microsoft Access 表中，这是一种将数据从不同格式转换并复制到 Microsoft Access 中的方法。也可以将数据库对象导入到另一个 Access 数据库。作为导入的数据源的文件类型包括 Microsoft Access 数据库、Excel 文件（XLS）、IE（HTML）、dBASE 等。

链接到数据库是一种链接到其他应用程序中的数据但不将数据导入的方法，在原始应用程序和 Access 中都可以查看并编辑这些数据。

【例 3-5】将已经建好的 Excel 文件"课程.XLSX"导入"教学信息管理"数据库中，数据表的名称为"课程"。

例 3-5

步骤 1：打开例 2-1 创建的"教学信息管理"数据库。

步骤 2：选择"外部数据→导入并链接→新数据源→从文件→Excel"选项，弹出"获取外部数据–Excel 电子表格"对话框，单击"浏览"按钮选择"课程.XLSX"文件，如图 3-9 所示。

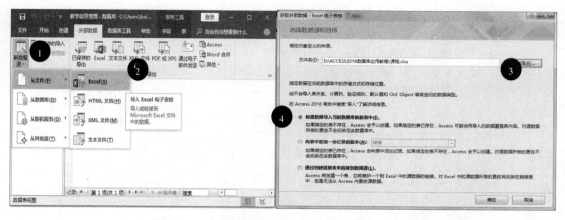

图 3-9　"获取外部数据–Excel 电子表格"对话框

步骤 3：选择"将源数据导入当前数据库的新表中"单选按钮，然后单击"确定"按钮，弹出"导入数据表向导"对话框，如图 3-10 所示。

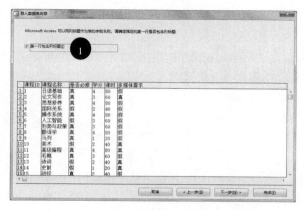

图 3-10　"导入数据表向导"对话框 1

步骤 4：在图 3-10 中，选择"第一行包含列标题"复选框，再单击"下一步"按钮，显示"导入数据表向导"的第二个对话框，如图 3-11 所示。

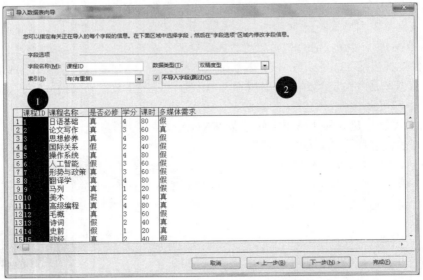

图 3-11　"导入数据表向导"对话框 2

步骤 5：在图 3-11 中，如果不准备导入"课程 ID"字段，在"课程 ID"字段单击，再选择"不导入字段（跳过）"复选框（在此需要导入"课程 ID"字段，所以不选择该复选框），完成后单击"下一步"按钮，弹出"导入数据表向导"的第三个对话框，如图 3-12 所示。

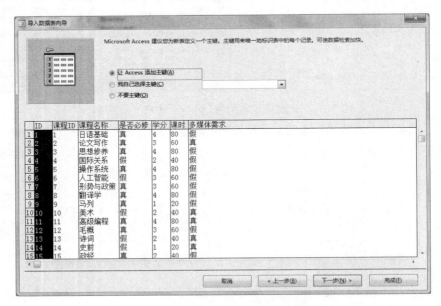

图 3-12　"导入数据表向导"对话框 3

步骤 6：在图 3-12 中选择"让 Access 添加主键"，由 Access 添加一个自动编号作为主关键字，再单击"下一步"按钮，弹出"导入数据表向导"的第四个对话框，如图 3-13 所示。在"导入列表"文本框中输入导入数据表名称"课程"，单击"完成"按钮。

图 3-13　"导入数据表向导"对话框 4

完成之后，"教学信息管理"数据库会增加一个名为"课程"的数据表，内容是来自"课程.XLSX"的数据。

> 对于外部文件，除了导入之外，也可以链接的方式链到外部文件，而在链接数据表内更改记录，也会保存到原文件中。

在 3.1 节中，分别用数据表视图和设计视图 2 种方法创建了"教室"和"教师"两张表。在 3.2 节中，又采用了导入其他文件的方法，导入了"课程.XLSX"文件，我们可以使用同样的方法创建或导入其他四张表"学生""排课""成绩"和"院系"，至此，"教学信息管理"数据库的 7 张表已全部建立完成。

通常创建新表的步骤如下：

（1）创建表的结构。定义表包含哪些字段，每个字段的数据类型及其他属性。

（2）向表中输入记录。即向表中输入数据。

如果是从其他已有的文件导入数据，操作步骤如下：

（1）导入数据到数据库中。即将导入的数据成为其中的一个数据表。

（2）重新调整表的结构。可以重命名字段、更改字段的数据类型及其他属性。

3.3　字　段　操　作

数据表的设计重点就是定义数据表所需要的字段，每个字段使用的数据类型及相应的属性等。

3.3.1　字段的名称及数据类型

1. 字段的名称

字段名称是用来标识字段的，它可以由英文、中文、数字组成，但必须符合 Access 数据库的对象命名规则。以下规则同样适用于表名、查询名等对象的命名。

（1）字段名称的长度为 1～64 个字符，一个汉字占 2 个字符。

（2）可以包含字母、数字、空格和特殊字符[句号（.）、感叹号（!）、重音符（`）和方括号（[]）除外]的任意组合。

（3）不能使用 ASCII 值为 0～31 的字符。

（4）不能以空格开头。

2．字段的数据类型

在给字段命名后，就应该确定字段的数据类型。定义数据类型的目的是"允许在此字段输入的数据类型"，如果字段的类型为数字，就不可以在此字段内输入文本。如果输入错误数据，Access 会发出错误信息，且不允许保存。表 3-2 是 Access 2016 提供的 10 余种数据类型。

表 3-2　字段的数据类型

数据类型	标　识	说　明	大　小	示　例
文本（短文本、长文本）	Text	文本或文本与数字的组合，可以是不必计算的数字	短文本不超过 255 个字符 长文本大于 255 个字符	公司名称、地址、电话号码
数字	Number	只可保存数字，可分为整型、长整型、单精度型和双精度型	1，2，4，8 个字节	数量、售价
日期/时间	Datetime	可以保存日期及时间，允许范围为 100/1/1 至 9999/12/31	8 个字节	出生日期、入学时间
货币	Money	用于计算的货币数值与数值数据，小数点后 1～4 位，整数最多 15 位	8 个字节	单价、总价
自动编号	AutoNumber	在添加记录时自动插入的唯一顺序或随机编号	4 个字节	编号
是/否	Yes/No	用于记录逻辑型数据 Yes（−1）/No（0）	1 位	送货否、婚否
OLE 对象	OLE Object	内容为非文本、非数字、非日期等内容，也就是用其他软件制作的文件	最大可达 1 GB（受限于磁盘空间）	照片
超级链接	Hyperlink	内容可以是文件路径、网页的名称等，单击后可以打开	最长 2 048 个字符	电子邮件、首页
附件	Attachment	附件类型是存储数字图像等二进制文件的首选数据类型		
计算	Calculate	计算类型可以通过表达式对当前表的已有字段使用表达式进行计算，并返回计算的结果		
查阅向导	Lookup Wizard	在向导创建的字段中，允许使用组合框来选择另一个表中的值		专业

 说　明

"查询向导"字段主要是为该字段重新创建一个查阅列，以便能够方便地输入和查阅其他表或本表中其他字段的值，以及本字段已经输入过的值。

3．更改类型的注意事项

建立字段后，必须立即定义字段类型，那么字段类型是否可以后再更改呢？可以。但一般而言，字段类型一经定义完成，除非万不得已，最好不要更改。因为数据表及字段是数据库的重要基础建设，更改类型会造成数据库系统在后续设计时的许多麻烦，有时可造成数据类型转换错误或数据遗失的情况。

因此，如果要修改字段类型，首先必须了解更改类型可能造成的结果。表 3-3 列出了更改类型时可能出现的情况。

表 3-3 更改类型可能出现的情况

更改字段类型	允许更改	可能有的结果
文本改数字	可以	若含有文本，则删除字段内的文本
数字改文本	可以	没有问题
文本改日期	可以	该栏数据必须符合日期，若不符合日期格式，即予以删除
日期改文本	可以	没有问题
数字改日期	可以	1 代表 1899/12/31，2 代表 1900/1/1，依次类推
日期改数字	可以	同上

表 3-3 仅列出了文本、数字、日期 3 种常用类型，一般而言，转换为文本类型时，都不会有错误，因为文本类型允许任何字符，其允许范围最大。如果反过来，将文件转换为数字，就有可能造成数据遗失，因为数字类型不允许 0～9 以外的符号或字符，转换时若发生错误，Access 会显示警告信息。

3.3.2 设置字段属性

在完成表结构的设置后，还需要在属性区域设置相应的属性值，每一个字段都有一系列的属性描述，字段的属性决定了如何存储、处理和显示该字段的数据。属性包括字段大小、格式、输入掩码、默认值、验证规则、验证文本、输入法模式、标题等。

表中每个字段都有一系列的属性描述。字段的属性表示字段所具有的特性，不同的字段类型有不同的属性，当选择某一字段时，"设计视图"下部的"字段属性"区就会依次显示出该字段的相应属性，如图 3-14 所示，下面介绍如何设置字段的属性。

图 3-14 数据表设计视图窗口

1．"字段大小"

"字段大小"属性可使用在短文本、数字及自动编号 3 种数据类型中。文本类型的字段大小为 1～255 个中文或英文字符。数字类型"字段大小"属性共有 7 个选择，如图 3-15 所示。

图 3-15 "数字"类型的字段大小属性

7 个选项各代表不同的允许范围，除了"同步复制 ID"（此项不可使用）外，其他 6 个选项的允许范围如表 3-4 所示。

表 3-4 "数字"类型的字段大小

字段大小	可输入数值的范围	标　识	小　数　点	存储空间
字节	0～255	Byte	无	1 字节
整数	−32,768～32,767	Integer2	无	2 字节
长整数	−2,147,483,648～2,147,483,647	Integer4	无	4 字节
单精度数	-3.4×10^{308}～3.4×10^{308}	Float4	7	4 字节
双精度数	-1.797×10^{308}～1.797×10^{308}	Float8	15	8 字节
小数	-1.797×10^{308}～1.797×10^{308}	Dec(<all>,<dec>)	28	12 字节

表 3-4 中，数字类型的"字段大小"属性决定该栏数字的允许范围。主要差别为是否允许有小数，前三者为整数，后三者可以含有小数。

 说　明

　若"数字"字段需要小数，最好定义为"双精度数"，这样的字段大小比较稳定。

表 3-4 的"存储空间"表示不管在该字段输入多大或多小的数字，均占用一定的存储空间，应根据字段内容的需要设置字段大小。其实不仅是"数字"类型字段，其他类型的字段也是如此，只要字段已定义完成及产生、保存记录，无论是否已在字段内输入数据，该字段都需要一定的存储空间，不会因为输入较少的数据而使用较小的存储空间。例如，一个字段需使用 2 KB，

一条记录共有 5 个字段，即表示一条记录需要 10 KB 的存储空间，如果有 1 000 条记录，就需要 10 000 KB 的存储空间。

在一个已输入数据的字段，若更改其"字段大小"属性，就像更改"数据类型"一样，要注意由大改小时可能会造成数据遗失。

2．"格式"

"格式"属性用来决定数据的打印方式和屏幕显示方式。通过格式属性设置"自动编号""数字""货币""日期/时间"和"是/否"等数据类型的显示格式，"格式"属性只影响值如何显示，而不影响在表中值如何存储。不同数据类型的字段，其"格式"选择有所不同，应注意区分。

3．"默认值"

"默认值"是一个十分有用的属性。使用"默认值"属性可以指定在添加新记录时自动输入的值。在一个数据库中，往往会有一些字段的数据内容相同或含有相同的部分。例如"学生"表中的"性别"字段只有"男""女"两种值，这种情况就可以设置一个默认值，减少输入量。

下面通过例 3-6～例 3-8 来说明如何设置"字段大小""格式"及"默认值"属性。

【例 3-6】将"学生"表中"性别"字段的"字段大小"设置为 1，字段的"默认值"设置为"男"，"生日"字段的"格式"设置为"yyyy/mm/dd"格式。

步骤 1：打开"教学信息管理"数据库。

步骤 2：在"设计视图"中打开"学生"表，如图 3-16 所示。

步骤 3：在图 3-16 中，单击"性别"字段的任一列，这时在"字段属性"区中显示了该字段的所有属性。在"字段大小"文本框中输入"1"，在"默认值"属性框中输入"男"。

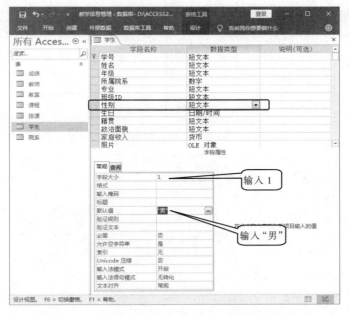

图 3-16　设置"字段大小"和"默认值"属性

步骤 4：接下来再单击"生日"字段的任一列，这时在"字段属性"区中显示了"生日"字段的所有属性。单击"格式"下拉按钮，可以看到系统提供了 7 种日期/时间格式，如图 3-17 所示。

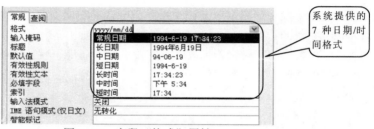

图 3-17　字段"格式"属性

步骤 5：由于系统提供的日期/时间格式没有要求的格式（"yyyy/mm/dd"），所以直接在"格式"属性框中输入"yyyy/mm/dd"，表示使用 4 位数表示年份，年月日之间的分隔符号为"/"，也可以输入"yy/mm/dd"，表示用 2 位数表示年份。

> **说明**
>
> 在输入文本值时，例如"男"时，可以不加引号，系统会自动加上引号。
> 设置"默认值"属性时，必须与字段中所设的数据类型相匹配，否则会出现错误。

设置默认值后，Access 在生成新记录时，将这个默认值插入到相应的字段中。如图 3-18 所示，可以使用这个默认值，也可以输入新值来取代这个默认值。

图 3-18　设置字段属性后的"学生"表

【例 3-7】将"成绩"表中"考分"字段的"字段大小"设置为"单精度型"，"格式"属性设置为"标准"，小数位数为 0。

步骤 1：打开"教学信息管理"数据库。

步骤 2：在"设计视图"中打开"成绩"表。

步骤 3：单击"考分"字段的任一列，这时在"字段属性"区中显示了该字段的所有属性。单击"字段大小"属性框，选取"单精度型"；再将"格式"属性设置为"标准"，小数位数改为 0，结果如图 3-19 所示。

例 3-7

本例的目的是在数字类型的字段输入带有小数点的数据，但输入完成后，以格式化的方式，四舍五入至整数显示出来。

图 3-20 的状态是在第一条记录的"考分"字段输入"85.5"，保存后显示四舍五入后的数据"86"。

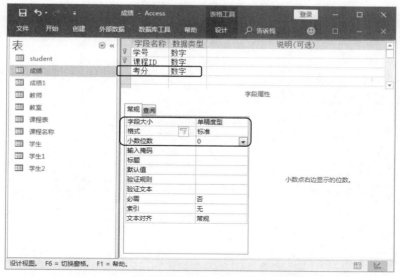

图 3-19 更改数字类型的"字段大小"及"格式"属性

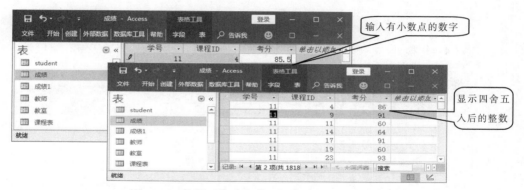

图 3-20 使用"格式"处理四舍五入

说 明

　　本例是四舍五入的处理，由于使用了格式化处理，故在图 3-20 中，"86"只是格式化后显示的数据，该字段实际存储的数据仍是四舍五入以前的实际数据"85.5"，计算时也会使用实际数据，所以如果使用此方式，会造成格式化后显示的数据与计算结果不一致的情况，故不建议使用。

　　【例 3-8】 设置"教师"表中"手机"字段的格式，当字段中没有电话号码或是"NULL"值时，要显示出字符串"没有"，当字段中有电话号码时按原样显示。

　　步骤 1：打开"教学信息管理"数据库。

　　步骤 2：在"设计视图"中打开"教师"表。

　　步骤 3：单击"手机"字段的任一列，这时在"字段属性"区中显示了该字段的所有属性。单击"格式"属性框，在其下拉列表框中输入"@;"没有""，如图 3-21 所示。

例 3-8

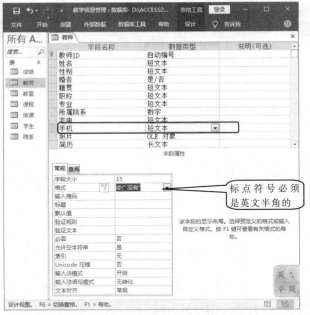

图 3-21　设置"格式"

步骤 4：切换到"教师"表的数据表视图，如图 3-22 所示，当"手机"字段没有输入数据时，皆显示"没有"，但当光标移入时，则不显示此二字，以便输入。

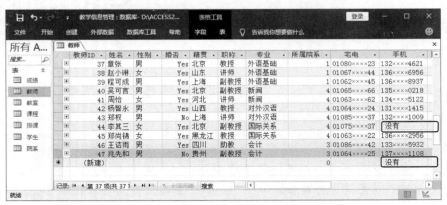

图 3-22　显示的数据

除本例使用的符号外，还可以使用如表 3-5 所示的各种符号，在类型为"文本"的字段内自定义格式属性。自定义格式为"<格式符号>;<字符串>"。

表 3-5　自定义"文本"类型字段格式属性的符号

符　　号	代表功能	范　　例
@	显示字符或空格	使用@@，则输入"j"的结果为"　j"，前方加一空格
&	与上一项类似，差异为此项在无字符时予以省略	使用&&&，则输入"jo"时，显示"jo",不加空格
–	强制向右对齐	– @@@
!	强制向左对齐	!@@@

续表

符　　号	代表功能	范　　例
>	强迫所有字符大写	>@@@@ 或>johnson
<	强迫所有字符小写	<@@@@ 或<John

4. “输入掩码”

“输入掩码”属性是用来设置用户输入字段数据时的格式。如果希望输入数据的格式标准保持一致，或希望检查输入时的错误，可以使用 Access 提供的“输入掩码向导”来设置一个输入掩码。输入掩码属性可用于“文本”“数字”“日期/时间”和“货币型”字段。

【例 3-9】 为“教师”表中“宅电”字段设置“输入掩码”，以保证用户只能输入 3 位数字的区号和 8 位数字的电话号码，区号和电话号码之间用“-”分隔。

例 3-9

步骤 1：打开“教学信息管理”数据库。

步骤 2：在“设计视图”中打开“教师”表。

步骤 3：选择“宅电”字段，单击“输入掩码”属性框，输入“(000)-00000000”，表示可以输入 3 位区号（只能是 3 位，不可多或少于 3 位）和 8 位数字（必须是 8 位）的电话号码，如图 3-23 所示。

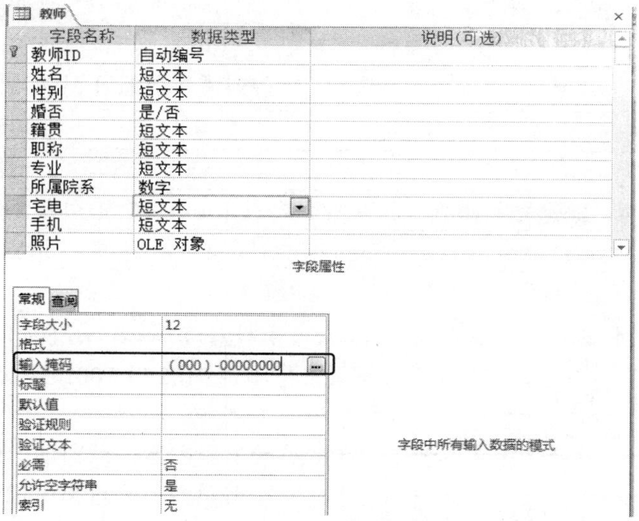

图 3-23　“宅电”字段“输入掩码”属性设置结果

步骤 4：切换到“教师”表的数据表视图，图 3-24 所示，如果“宅电”字段没有输入数据时，当光标移入该字段时，皆显示“(___)-________”格式。

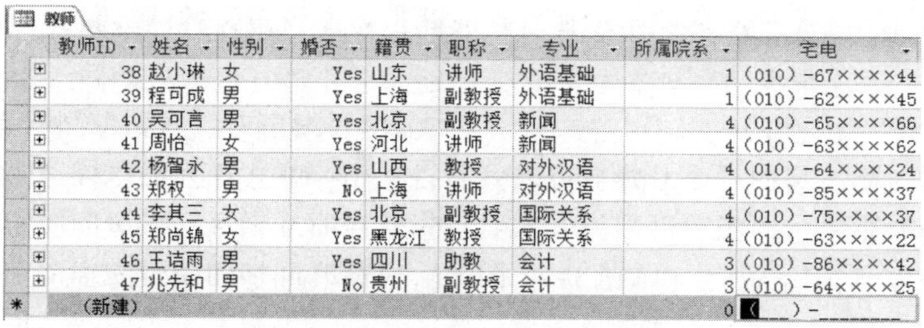

教师ID	姓名	性别	婚否	籍贯	职称	专业	所属院系	宅电
38	赵小琳	女	Yes	山东	讲师	外语基础	1	(010) -67×××44
39	程可成	男	Yes	上海	副教授	外语基础	1	(010) -62×××45
40	吴可言	男	Yes	北京	副教授	新闻	4	(010) -65×××66
41	周怡	女	Yes	河北	讲师	新闻	4	(010) -63×××62
42	杨智永	男	Yes	山西	教授	对外汉语	4	(010) -64×××24
43	郑权	男	No	上海	讲师	对外汉语	4	(010) -85×××37
44	李其三	女	Yes	北京	副教授	国际关系	4	(010) -75×××37
45	郑尚锦	女	Yes	黑龙江	教授	国际关系	4	(010) -63×××22
46	王诘雨	男	Yes	四川	助教	会计	3	(010) -86×××42
47	兆先和	男	No	贵州	副教授	会计	3	(010) -64×××25
(新建)							0	( )-

图 3-24　显示的数据

如果字段的数据类型为"文本"和"日期/时间"型的，可以用"输入掩码向导"帮助设置，具体操作为：单击"输入掩码"右边的 … 按钮，弹出"输入掩码向导"对话框，如图 3-25 所示。可以从列表中选择需要的掩码，也可以单击"编辑列表"按钮，弹出"自定义'输入掩码向导'"对话框创建自定义的输入掩码，也可以在"输入掩码"栏中输入。

在 Access 中，无论字段类型为何种类型，只要有输入掩码属性，即可以使用表 3-6 所示的符号。

图 3-25　"输入掩码向导"对话框

表 3-6　自定义"输入掩码"的符号

符号	功能说明	设置范例	输入范例
0	可输入 0-9 的数字，不可输入空格，每一位都必须输入	(000)0000-0000	(021)7901-1234
9	可输入 0-9 的数字或空格，不是每一位都必须输入	(99)000-0000	输入(1)765-4321 变成(17) 654-321
#	可输入 0-9 的数字、空格、加号、减号，不是每一位都必须输入	#999	-020
&	可输入任意字符，空格，每一位都必须输入	&&&&&&&	ASD-123
C	可输入任意字符，空格，不是每一位都必须输入	&&&CCCC	JOHN-10
L	可输入大小写英文字母，不可输入空格，每一位都必须输入	0:00LL	1:34PM
?	可输入大小写英文字母，空格，不是每一位都必须输入	????\-0000	OS-1234
!	将输入数据方向更换为由右至左，但输入前的字符左方需留空，放看得出差别	!????	靠右对齐的文字
>及<	接下来的字符以大写或小写显示，且输入英文时，大小写不受键盘的 CapsLock 限制	>L<LL?????	Johnson
\	接下来的字符以原义字符显示	\A	A

说明

　　"输入掩码"与"格式"属性的区别是："格式"属性定义数据的显示方式，而"输入掩码"属性是定义数据的输入方式。

5．"验证规则"和"验证文本"

"验证规则"是 Access 中一个非常有用的属性。实现"用户定义完整性"的主要手段，利用该属性可以防止非法数据输入到表中。验证规则的形式以及设置目的随字段的数据类型不同而不同。对"文本"类型字段，可以设置输入的字符个数不能超过某一个值；对"数字"类型字段，可以让 Access 只接受一定范围内的数据；对"日期/时间"类型字段，可以将数值限制在一定的月份或年份之内。

"验证文本"是指当输入了字段验证规则不允许的值时显示的出错提示信息，此时用户必须对字段值进行修改，直到正确为止。如果不设置"验证文本"，出错提示信息为系统默认显示信息。

有些约束条件涉及多个字段（如"必修课不得少于 20 课时"），其"验证规则"/"验证文本"可在记录级属性表中定义（右击表设计器窗口标题栏，打开"属性"）。

【例 3-10】设置"成绩"表中"考分"字段的"验证规则"为"考分>=0 And 考分<=100"；出错的提示信息为"考分只能是 0 到 100 之间的值。"

例 3-10

步骤 1：打开"教学信息管理"数据库。

步骤 2：在"设计视图"中打开"成绩"表。

步骤 3：单击"考分"字段的任一列，这时在"字段属性"区中显示了该字段的所有属性。在"验证规则"文本框中输入">=0 And <=100"，在"验证文本"文本框中输入"考分只能是 0 到 100 之间的值"，如图 3-26 所示。

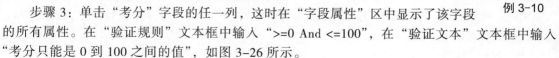

图 3-26　设置"验证规则"与"验证文本"

步骤 4：切换到"成绩"表的数据表视图，如果输入一个超出限制范围的值，例如输入"910"，按 Enter 键，这时屏幕显示提示框，如图 3-27 所示。

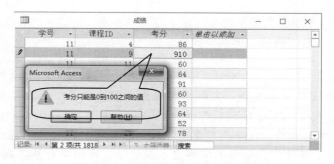

图 3-27　测试所设的"验证规则"

常用的验证规则示例如表 3-7 所示。

表 3-7　常用的验证规则示例

验 证 规 则	验 证 文 本
<> 0	必须是非零值
> 1000 Or Is NUll	必须为空值或大于 1 000
Like "A????"	必须是 5 个字符并以字母 A 为打头
Like "王*"	必须姓王
>= #1/1/2001# And <#1/1/2002#	必须是 2001 年中的日期

6. 索引

索引实际上是一种逻辑排序，它并不改变数据表中数据的物理顺序。建立索引的目的是加快查询数据的速度。可以建立索引属性字段的数据类型为"文本""数字""货币"或"日期/时间"。

在一个表中可根据对表中记录的处理需要创建一个或多个索引，可以用单个字段创建一个索引，也可以用多个字段（字段组合）创建一个索引。使用多个字段索引进行排序时，一般按索引中的第一个字段进行排序，当第一个字段有重复值时，再按第二个字段进行排序，依次类推。

索引有 3 种取值：

无：表示无索引（默认值）。

有（有重复）：表示有索引但允许字段中有重复值。

有（无重复）：表示有索引但不允许字段中有重复值。

索引可以提高查询速度，但维护索引顺序是要付出代价的。当对表进行插入、删除和修改记录等操作时，系统会自动维护索引顺序，也就是说索引会降低插入、删除和修改记录等操作的速度。所以，建立索引是个策略问题，并不是建得越多越好。

 说　明

> 作为主键的无重复索引是维护"实体完整性"的主要手段。如果表的主键为单一字段，系统自动为该字段创建索引，索引值为"有（无重复）"。复合主键必须手工建立（如"成绩"表的"学号"＋"课程 ID"）
>
> 主键（无重复索引）设置完毕，关闭设计器时会立即检查实体完整性。Access 的反应策略与其他 DBMS 有所不同，对现有数据违反规则只提出警告——下不为例。

7. 其他属性

1）标题

"标题"属性的意义类似更改字段名，如字段名是英文，可以在"标题"属性输入中文，即可在打开数据表或制作窗体时，使该字段显示中文名称。

 说　明

> 在使用 Access 时可能会发现，在数据表视图中字段列顶部的名称与字段的名称不相同。这是因为数据表视图中字段列顶部显示的名称来自于该字段的"标题"属性框。如果"标题"属性框中为空白，数据表视图中字段列顶部将显示对应字段的名称；如果"标题"属性框中输入了新名字，该新名字将显示在数据表视图中相应字段列顶部。

2）允许空字符串

空字符串就是"""，这个数据对 Access 而言不是空白，而是字符串，空白值是 NULL，在实际应用上，若只是 Access 单一环境，则应用不到零长度字符串。

3）Unicode 压缩

该属性可以设定是否对"文本""备注"或"超链接"字段中的数据进行压缩，目的是为了节约存储空间。

4）输入法模式

此属性可以控制中文输入法的显示方式，有多种选择，若使用中文环境，则只有 3 项可使用（开启、关闭和随意），其他均是针对日文及韩文环境的。

若字段类型为"文本",系统会自动启动中文输入法,此时属性为"开启",但如电话、传真等字段虽是文本,却不需要中文输入法,建议针对此类字段,关闭或停用中文输入法,可以用选项中的"随意"表示不更改目前输入法状态;"打开"及"关闭"表示打开或关闭输入法。

3.3.3 设置主键

主键,也称主关键字,是唯一能标识一条记录的字段或字段的组合。指定了表的主键后,在表中输入新记录时,系统会检查该字段是否有重复数据,如果有则禁止重复数据输入到表中。同时,系统也不允许主关键字段中的值为 Null。

一般在创建表的结构时,就需要定义主键,否则在保存操作时系统会询问是否要创建主键。如果选择"是",系统将自动创建一个"自动编号(ID)"字段作为主键。该字段在输入记录时会自动输入一个具有唯一顺序的数字。

【例 3-11】设置"成绩"表的主键。

步骤 1:打开"教学信息管理"数据库。

步骤 2:在"设计视图"中打开"成绩"表。

例 3-11

步骤 3:分析"成绩"表,该表的主键应是由"学号"和"课程 ID"两个字段构成的联合主键。单击"学号"字段左边的行选定器,选定"学号"行,再按住 Ctrl 键不放,单击"课程 ID"字段的行选定器,即可选定"学号"和"课程 ID"两个字段。

步骤 4:右击,在弹出的快捷菜单中选择"主键"命令即可。

 说 明

主键的值不能重复和不为空。

3.4 建立表间关系

前面已经创建了数据库和表。在 Access 中如果要管理和使用好表中的数据,需要建立表和表之间的关系,这样多个表才有意义,才能为建立查询、创建窗体或报表打下良好的基础,在关系型数据库中,利用关系可以避免出现冗余的数据。关系是通过匹配字段(通常是两个表中同名的列)中的数据进行工作的。相关联的字段(即匹配字段)不一定要有相同的名称,但必须有相同的字段类型,并具有相同的"字段大小"属性设置。不过主键字段如果是"自动编号"字段,由于"自动编号"的"字段大小"为长整型,所以它可以和一个类型为"数字""字段大小"属性均为"长整型"的字段相匹配。

3.4.1 多表之间关系的建立

数据库中的多个表之间要建立关系,必须先给各个表建立主键或索引。并且要关闭所有打开的表,否则不能建立表间的关系。

【例 3-12】定义"教学信息关系"数据库中 7 张表之间的关系。

步骤 1:打开"教学信息管理"数据库。

步骤 2:选择"数据库工具→关系"选项,打开图 3-28 所示的"关系"窗口。

例 3-12

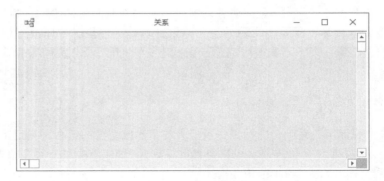

图 3-28 "关系"窗口

步骤 3：在"关系"窗口中添加需要创建关系的表。

在"关系"窗口中右击，在弹出的快捷菜单中选择"显示表"命令，在打开的"显示表"窗口中添加该数据库的 7 张表，结果如图 3-29 所示。

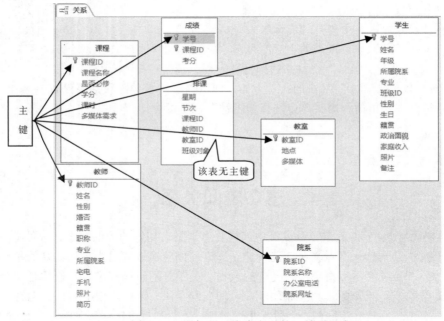

图 3-29 添加了 7 张表之后的"关系"窗口

在图 3-29 中，每个表中字段前有小钥匙 ⌕ 的字段即为该表的主键或联合主键（主键一般是在建立表结构时设置的）。

步骤 4：选定"学生"表中的"学号"字段，然后按下鼠标左键并拖动到"成绩"表中的"学号"字段上，松开鼠标，弹出图 3-30 所示的"编辑关系"对话框。

步骤 5：用同样的方法，依次建立其他几张表间的关系，结果如图 3-31 所示。

步骤 6：单击"关闭"按钮，这时 Access 询问是否保存布局的修改，单击"是"按钮，即可保存所建的关系。

图 3-30 "编辑关系"对话框

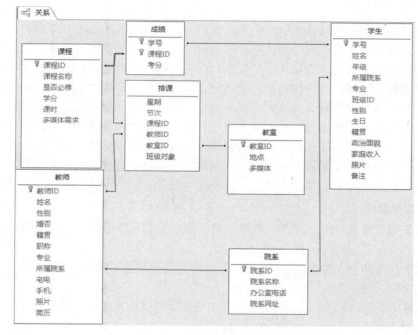

图 3-31 建立关系后的结果

　　表间建立关系后，在主表的数据表视图中能看到左边新增了带有"+"的一列，这说明该表与另外的表（子数据表）建立了关系。通过单击"+"按钮可以看到子数据表中的相关记录。图 3-32 是没有关系之前的"教师"表，图 3-33 是建立关系后的"教师"表。

教师ID	姓名	性别	婚否	籍贯	职称	专业	所属院系	宅电	手机
1	李质平	男	Yes	上海	副教授	文科基础	4	（010）-60×××77	131×××9366
2	赵侃茹	女	No	山东	讲师	文科基础	4	（010）-84×××99	135×××4127
3	张衣沿	男	No	山西	教授	文科基础	4	（010）-86×××09	132×××3205
4	刘也	男	Yes	河南	讲师	文科基础	4	（010）-68×××74	131×××5892
5	张一弛	男	No	河南	讲师	数学	2	（010）-66×××22	135×××8065
6	杨齐光	男	No	四川	助教	数学	2	（010）-61×××08	135×××0842
7	柳坡	男	Yes	北京	讲师	数学	2	（010）-80×××17	133×××4621
8	张庄庄	女	Yes	四川	讲师	西语	1	（010）-67×××66	133×××6956
9	孙亦欧	女	No	四川	讲师	西语	1	（010）-62×××55	133×××8937

图 3-32 没有关系之前的"教师"表

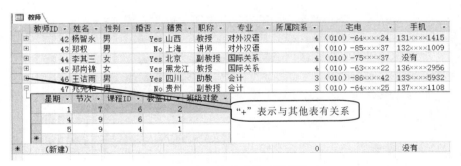

图 3-33　建立关系后的"教师"表

3.4.2　实施参照完整性

关系是通过两个表之间的公共字段建立起来的。一般情况下，由于一个表的主关键字是另一表的字段，因此形成了两个表之间一对多的关系。

在定义表之间的关系时，应设立一些准则，这些准则将有助于数据的完整。参照完整性就是在输入记录或删除记录时，为维持表之间已定义的关系而必须遵循的规则。如果实施了参照完整性，那么当主表中没有相关键值时，就不能将该键值添加到相关表中，也不能在相关表中存在匹配的记录时删除主表中的记录，更不能在相关表中有相关记录时，更改主表中的主关键字值。也就是说，实施了参照完整性后，对表中主关键字字段进行操作时系统会自动地检查主关键字字段，看看该字段是否被添加、修改或删除。如果对主关键字的修改违背了参照完整性的要求，那么系统会自动强制执行参照完整性。

1. 实施参照完整性

【例 3-13】通过实施参照完整性，修改"教学信息关系"数据库中 7 张表之间的关系。

例 3-13

步骤 1：在【例 3-12】的基础上，选择"数据库工具→关系"窗口，打开"关系"窗口。

步骤 2：在图 3-31 中，单击"学生"表和"成绩"表间的连线，然后在连线处右击，弹出快捷菜单，如图 3-34 左图所示。

步骤 3：在快捷菜单中选择"编辑关系"命令，弹出"编辑关系"对话框，如图 3-34 右图所示。

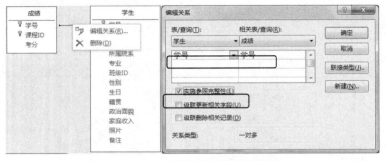

图 3-34　"编辑关系"对话框

步骤 4：在图 3-34 右图中选择"实施参照完整性"复选框。保存建立完成的关系，此时"关系"窗口如图 3-35 所示，两个数据表之间显示如 的线条。

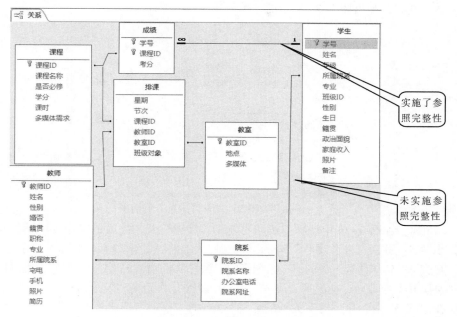

图 3-35　部分"实施参照完整性"后的关系结果

说　明

在建立关系时有两点需要注意：

（1）在图 3-34 右图中，可以选择或不选择"实施参照完整性"复选框，若未选择，表示关系不会限制及检查完整性。

（2）在图 3-34 右图中，关系类型只会显示一对一或一对多，若为"未确定的"，表示关系无效。若建立关系双方的字段都是主关键字或主索引，则关系类型为一对一，若只有其中一方为主关键字或主索引，则为一对多。

2．使用级联显示

如果选择了"实施参照完整性"复选框，"级联更新相关字段"和"级联删除相关记录"两个复选框才可以使用。

如果选择了"级联更新相关字段"复选框，则当更新主表中的主键值时，系统会自动更新相关表中的相关记录的字段值。

如果选择了"级联删除相关记录"复选框，则当删除主表中的记录时，系统会自动删除相关表中所有相关的记录。

如果上述 2 个复选框都不选，则只要子表有相关记录，主表中该记录就不允许删除。

【例 3-14】在"教学信息管理"数据库中，"课程"表和"成绩"表的关系是一对多的关系，使用"级联更新相关字段"功能，使两个表中的"课程 ID"同步更新。

步骤 1：打开"教学信息管理"数据库。

步骤 2：选择"数据库工具→关系"选项，打开图 3-31 所示的"关系"窗口。

例 3-14

步骤 3：选中"课程"表和"成绩"表两表间的关系连线，右击，在弹出的快捷菜单中选择"编辑关系"选项，弹出图 3-36 所示的"编辑关系"对话框。

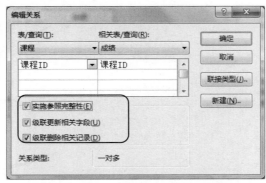

图 3-36 "编辑关系"对话框

步骤 4：在图 3-36 中选择"级联更新相关字段"及"级联删除相关记录"复选框。

步骤 5：分别打开"课程"表和"成绩"表，将两者调整至可以同时显示在屏幕的状态。

步骤 6：将"课程"表的第一条记录的"课程 ID"由"2"改为"222"，将鼠标指针移到下一个"课程 ID"字段时，会发现"成绩"表的"课程 ID"也由"2"改为"222"，如图 3-37 所示。

在图 3-37 中，在一对多关系的"一"方（即"课程"表）更改数据，此时由于已启动"级联更新相关字段"，所以在"多"方（即"成绩"表）原来的数据也会自动更改。反之，若未启动"级联更新相关字段"，则两个表的"课程 ID"字段不会同时更新。

图 3-37 级联更新相关字段

在建立表之间的关系时，应注意以下事项：

（1）确定没有记录。

建议在没有记录时建立关系。否则若选择了较严格的条件，如"参照完整性"，有时就无法建立关系。因为关系建立之后，Access 会立即在两个数据表内检查记录是否合法。

（2）确定关系双方的字段及意义。

也就是必须经过系统分析，确切了解为何要在两个数据表间建立关系，每个关系才有意义。

（3）双方字段类型需相同。关系双方都是字段，其类型必须相同，如全为"文本""数字"（自动编号也是数字，若为数字类型的，其"字段大小"也必须相同）或"日期/时间型"等，除了类型必须相同外，字段名称可以不同。

3.4.3　查阅向导

在一般情况下，表中大多数字段的数据都来自用户输入的数据，或从其他数据源导入的数据。但在有些情况下，表中某个字段的数据也可以取自于其他表中某个字段的数据，或者取自于固定的数据，这就是字段的查阅功能。该功能可以通过使用表设计器的"查阅向导"对话框来实现。

【例 3-15】创建一个查阅列表，使输入"成绩"表的"课程 ID"字段的数据时不必直接输入，而是通过下拉列表选择来自于"课程"表中的"课程 ID"和"课程名称"字段的数据。

例 3-15

步骤 1：打开"教学信息管理"数据库。

步骤 2：在"设计视图"中打开"成绩"表，如图 3-38 所示。

图 3-38　"成绩"表

步骤 3：在图 3-38 中，选择"课程 ID"字段，打开其"数据类型"下拉列表列，选择"查阅向导"，命令。打开"查阅向导"的第一个对话框，如图 3-39 所示。

图 3-39　"查阅向导"对话框

 说　明

如果"成绩"表的"课程 ID"字段已经和其他的表建立了关系，则系统会打开一个提示用户删除该关系的对话框，如图 3-40 所示。可以根据提示先删除关系，再打开"查阅向导"对话框。如果一个表使用了查阅向导，就会自动建立和相关表的关系。

图 3-40　提示删除已有关系的对话框

步骤 4：在图 3-39 中，选择"使用查阅字段查阅表或查询中的值"单选按钮（系统默认），单击"下一步"按钮，打开"查阅向导"的第二个对话框，如图 3-41 所示，可以根据要求选择"视图"栏中的"表"、"查询"或"两者"单选按钮。在此选择"表"单选按钮，并选择列表框中的"课程"表，单击"下一步"按钮，打开"查阅向导"的第三个对话框，如图 3-42 所示。

图 3-41　选择"课程"表

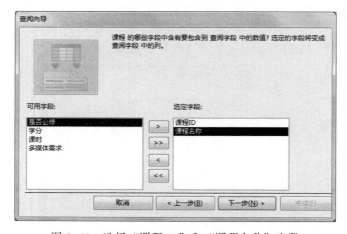

图 3-42　选择"课程 ID"和"课程名称"字段

步骤 5：在图 3-42 中，从"可用字段"列表框中选择"课程 ID"和"课程名称"字段到"选定字段"中，单击"下一步"按钮，打开"查阅向导"的第四个对话框，如图 3-43 所示。

图 3-43　"查阅向导"对话框 4

步骤 6：在图 3-43 中，从下拉列表中选择"课程 ID"，并按系统默认的"升序"排序，单击"下一步"按钮，弹出"查阅向导"的第五个对话框，如图 3-44 所示。在此选择"隐藏键列"复选框，表示隐藏"课程 ID"列，只显示与"课程 ID"对应的"课程名称"字段，单击"下一步"按钮，弹出"查阅向导"的第六个对话框，如图 3-45 所示。

图 3-44　"查阅向导"对话框 5

图 3-45　"查阅向导"对话框 6

步骤 7：在图 3-45 中，用"课程 ID"作为标签，单击"完成"按钮。

步骤 8：在"数据表视图"中打开"成绩"表，看到"课程 ID"字段显示的不再是数字，而是课程的名称，如图 3-46 所示。

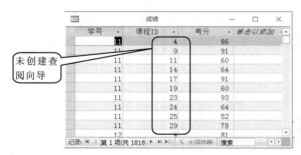
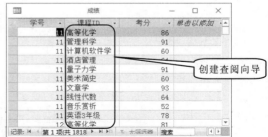

图 3-46 "成绩"表的对比

如果一个数据表 A 的一个字段的值来源于数据表 B 中的某个字段，可以使用查阅向导，目的有二：一是便于数据的输入及数据的直观性；二是可以用下拉列表防止输入不存在的值。

3.5 维 护 表

在创建数据库和表时，可能由于种种原因，表的结构设计不合适，有些内容不能满足实际需要。另外，随着数据库的不断使用，也需要增加一些内容或删除一些内容，这样表结构和表内容都会发生变化。为了使数据库中的表在结构上更加合理，使用更有效，就需要经常对表进行维护。

3.5.1 打开和关闭表

表建好以后，如果需要，用户可以对表进行修改，例如，修改表的结构、编辑表中的数据、浏览表中的记录等，在进行这些操作之前，首先要打开相应的表，完成这些操作后要关闭表。

1. 打开表

在 Access 中，可以在数据表视图中打开表，也可以在设计视图中打开表。

【例 3-16】在"数据表视图"中打开"学生"表。

步骤 1：启动 Access 及打开"教学信息管理.accdb"数据库。

步骤 2：双击左边任务窗格中的"学生"表，此时，Access 打开了所需的表，如图 3-47 所示。

【例 3-17】在"设计视图"中打开"学生"表。

步骤 1：启动 Access 及打开"教学信息管理.accdb"数据库。

步骤 2：在左侧任务窗格中找到"学生"表并右击，在弹出的快捷菜单中选择"设计视图"命令，如图 3-48 所示，即打开该表。

例 3-16

例 3-17

图 3-47 在"数据表视图"中打开"学生"表

图 3-48 在"设计视图"中打开"学生"表

说明

在"数据表视图"中打开表以后，可以在该表中输入新的数据、修改已有的数据或删除不需要的数据。如果要修改表结构，应在表的设计视图中操作。

2. 关闭表

表的操作结束后，应该将其关闭。不管表是处于设计视图状态，还是处于数据表视图状态，单击表窗口右上角的"关闭"按钮✕都可以将打开的表关闭。在关闭表时，如果曾对表的结构或布局进行过修改，Access 会显示一个提示框，询问是否保存所做的修改，单击"是"按钮保存所做的修改；单击"否"按钮放弃所做的修改；单击"取消"按钮则取消关闭操作。

3.5.2 编辑和删除表间关系

表间关系创建后，在使用过程中，如果不符合要求，例如需要级联更新字段、级联删除记录，可以重新编辑表间关系，也可以删除表间关系。

1. 编辑表间关系

若要重新编辑两个表之间的关系，双击所要修改的关系连线，弹出"编辑关系"对话框，即可对其进行修改

2. 删除表间关系

若要删除两个表之间的关系，右击所要修改的关系连线，在弹出的快捷菜单中选择"删除"

命令即可删除两个表之间的关系。

3.5.3 修改表的结构

修改表结构的操作主要包括增加字段、修改字段、删除字段和重新设置主键等。修改表结构只能在表的设计视图中完成。

1. 增加字段

在表中增加一个新字段不会影响其他字段和现有的数据。其操作如下：

（1）打开表的"设计视图"。

（2）将光标移到要插入新字段的位置并右击，在弹出的快捷菜单中选择"插入行"命令。

（3）在新行的"字段名称"列中输入新字段的名称。

（4）单击"数据类型"列右侧的向下箭头按钮，在弹出的列表中选择所需的数据类型，如图 3-49 所示。

在插入字段并设置完字段数据类型之后，还可以在窗口下面的字段属性区修改字段的属性。

图 3-49 增加字段

2. 修改字段

修改字段包括修改字段的名称、数据类型、说明、属性等。其操作如下：

（1）打开表的"设计视图"。

（2）如果要修改某字段的名称，在该字段的"字段名称"列中单击，修改字段名；如果要修改字段的数据类型，单击该字段"数据类型"列右侧的向下箭头按钮，从弹出的列表框中选择所需的数据类型。

3. 删除字段

删除表中某一字段的操作如下：

（1）打开表的"设计视图"。

（2）将光标移到要删除的字段的位置并右击，在弹出的快捷菜单中选择"删除行"命令。

在上述操作中，只删除了一个字段，实际上，在表"设计视图"中，还可以一次删除多个字段，其操作如下：

（1）在"设计视图"中单击要删除字段的字段选定器，然后按住 Ctrl 键不放，再用鼠标单击每一个要删除字段的字段选定器。

（2）在选定的字段上右击，在弹出的快捷菜单中选择"删除行"命令。

> **说明**
>
> 　　如果所删除字段的表为空，就不会出现删除提示框；如果表中含有数据，不仅会出现提示框需要用户确认，而且还将删除利用该表所建立的查询、窗体或表中的字段。即删除字段时，还要删除整个 Access 中对该字段的使用。

4．重新设置主键

如果原定义的主键不合适，可以重新定义。重新定义主键需要先删除原主键，然后再定义新的主键。其操作如下：

（1）打开表的"设计视图"。

（2）将光标移到主键所在行的字段选定器并右击，在弹出的快捷菜单中选择"主键"命令，此操作将取消原来设置的主键。

3.5.4　编辑表的内容

编辑表中的内容是为了确保表中数据的准确，使所建的表能够满足实际需要。编辑表中内容的操作主要包括定位记录、选择记录、添加及保存记录、删除记录和修改数据等。

1．定位记录

数据表中有了数据后，修改是经常进行的操作，其中定位和选择记录是首要的任务。常用的定位方法有两种：使用记录号定位；使用快捷键定位。

【例 3-18】将指针定位到"学生"表中第 30 条记录上。

步骤 1：打开"教学信息管理"数据库。

步骤 2：双击"学生"表，打开该表的数据表视图。

例 3-18

步骤 3：在窗口底部记录定位器（记录 ◀ ◀ 第 30 项(共 300 ▶ ▶ ▶▶ ）中的记录编号框中双击编号，然后在记录编号框中输入要查找记录的记录号"30"。

步骤 4：按 Enter 键，这时，光标将定位在该记录上，结果如图 3-50 所示。

	学号	姓名	年级	所属院系	专业	班级ID	性别	生日	籍贯	政治面貌
⊞	2023235	周莹缬	1	1	英语	101	男	2005/11/15	贵州	团
⊞	2023239	杨月	1	2	计算机科学与技术	102	男	2004/11/12	北京	党
⊞	2023264	陈叻	1	1	日语	104	男	2005/10/11	重庆	党
⊞	2023243	陈腠云	1	1	英语	101	男	2006/04/19	西藏	群
⊞	2023259	孙览漈	1	2	计算机科学与技术	103	女	2006/07/31	山西	团
⊞	2023246	孙偓素	1	2	计算机科学与技术	102	男	2005/10/29	河南	团
⊞	2023247	杨侠玩	1	1	日语	104	女	2006/05/25	北京	群
⊞	2023248	上官瓮	1	2	计算机科学与技术	103	女	2005/06/05	河北	党
⊞	2023249	赵搪兽	1	2	计算机科学与技术	103	女	2004/12/07	贵州	团

图 3-50　定位查找记录

使用表 3-8 所示的快捷键可以快速定位记录或字段。

表 3-8　快捷键及定位功能

快　捷　键	定　位　功　能
Tab、Enter、右箭头	下一字段
Shift+Tab、左箭头	上一字段
Home	当前记录中的第一个字段
End	当前记录中的最后一个字段
Ctrl+上箭头	第一条记录中的当前字段
Ctrl+下箭头	最后一条记录中的当前字段
Ctrl+Home	第一条记录中的第一个字段
Ctrl+End	最后一条记录中的最后一个字段
上箭头	上一条记录中的当前字段
下箭头	下一条记录中的当前字段
PgDn	下移一屏
PgUp	上移一屏
Ctrl+PnDn	左移一屏
Ctrl+PgUp	右移一屏

2．选择记录

选择记录是指选择需要的记录。用户可以在"数据表视图"下用鼠标或键盘两种方法选择数据范围。

方法 1：用鼠标选择数据范围。

在"数据表视图"下打开相应表后，可以用如下方法选择数据范围：

（1）选择字段中的部分数据：单击开始处，拖动鼠标到结尾处。

（2）选择字段中的全部数据：将鼠标指针放在字段左边，待鼠标指针变成空心十字后，单击鼠标左键。

（3）选择相邻多字段中的数据：将鼠标指针放在字段左边，待鼠标指针变成空心十字后，拖动鼠标到最后一个字段的结尾处。

（4）选择一列数据：单击该列的字段选定器。

（5）选择多列数据：单击第一列顶端字段名，拖动鼠标到最后一个字段的结尾处。

方法 2：用键盘选择数据范围。用鼠标选择记录范围：

在"数据表视图"下打开相应表后，可以用如下方法选择记录范围：

● 选择一条记录：单击该记录的记录选定器。

● 选择多条记录：单击第一条记录的记录选定器，按住鼠标左键，拖动鼠标到选定范围的结尾处。

键盘选择数据的方法如表 3-9 所示。

表 3-9　用键盘选择对象及操作方法

选　择　对　象	操　作　方　法
一个字段的部分数据	将光标移到字段开始处，按住 Shift 键，再按方向键到结尾处
整个字段的数据	将光标移到字段中，按 F2 键

3．添加及保存记录

在已建立的表中，如果需要添加新记录，其操作如下：

【例 3-19】在"学生"表中添加一条新记录。

步骤 1：打开"教学信息管理"数据库。

步骤 2：双击"学生"表，打开该表的数据表视图。

步骤 3：单击窗口底部记录定位器（ 记录: ⒁ ◄ 第 30 项(共 300 ► ⒁ ⒁ ）上的"新记录"
按钮 ►，光标移到新记录上。

例 3-19

步骤 4：开始输入数据，输入完成后，单击窗口右上角的"关闭"按钮并保存。

图 3-51 为正在输入记录的状态，输入完毕一个字段，按 Tab 键继续向右移动插入点，若
已是最后一个字段，则下移至新记录内，表示可以继续输入记录。

	学号	姓名	年级	所属院系	专业	班级ID	性别
⊞	2021097	陈恭偎	3	2	计算机科学与技术	303	男
⊞	2021220	周胁浙	3	2	计算机科学与技术	303	男
⊞	2021221	李孜蜕	3	2	计算机科学与技术	303	女
⊞	2021094	杨舛	3	2	计算机科学与技术	303	男
⊞	2021222	杨诰	3	2	计算机科学与技术	303	女
⊞	2021224	王芽	3	2	计算机科学与技术	303	女
⊞	2021100	赵世	3	1	日语	304	女
✎ ⊞	2021333			0			男
✱				0			男

呈现笔状，表示正在编辑记录

图 3-51 输入及保存记录

说　明

除了按 Tab 键，也可以使用 Enter 键，且每一条记录的每个字段不一定都有数据。以
"学生"表为例，只有"学号"字段必须有数据，因为"学号"字段为该表的主键，而
其他字段则可以为空白。

4．删除记录

表中的信息如果出现了不需要的数据，就应将其删除。

【例 3-20】删除"学生"表中的某两条记录。

步骤 1：打开"教学信息管理"数据库。

步骤 2：双击"学生"表，打开该表的"数据表视图"。

步骤 3：将鼠标指针移至要删除记录的行选定器上，当鼠标指针显示为 ➡ 时，
按住左键不放，向下或向上拖动，选取两条记录，如图 3-52 所示。

例 3-20

步骤 4：右击，在弹出的快捷菜单中选择"删除记录"命令。

步骤 5：若确定要删除记录，在弹出的对话框中单击"是"按钮，如图 3-52 所示。

图 3-52 选取两条记录并确认是否删除

说明

可以删除上下连续的多条记录，但无法同时选取多条不连续的记录。

记录删除后即无法恢复，因 Access 不提供删除标记及恢复功能。

5．修改数据

在已建立的表中，如果出现了错误数据，可以对其进行修改。在"数据表视图"中修改数据的方法非常简单，只要将光标移到要修改数据的相应字段直接修改即可。

3.5.5 调整表的外观

调整表的外观是为了使表看上去更清楚、美观。调整表的外观的操作包括：改变字段顺序、调整字段显示宽度和高度、隐藏列或显示列、冻结列或解冻列、设置字体、调整表中网格线及背景颜色等。

1．改变字段顺序

在默认设置下，Access 显示数据表中的字段顺序通常与它们在表或查询中出现的顺序相同。但是，在使用"数据表视图"时，往往需要移动某些列来满足查看数据的需要。此时，可以改变字段的显示顺序。

【例 3-21】将"学生"表中的"学号"和"姓名"字段位置互换。

步骤 1：打开"教学信息管理"数据库。

步骤 2：双击"学生"表，打开该表的数据表视图。

步骤 3：选择"学号"字段列，如图 3-53 所示。

步骤 4：将鼠标指针放在"学号"字段列的字段名上，然后按住鼠标左键并拖动鼠标到"姓名"字段后，释放鼠标左键，结果如图 3-53 所示。

例 3-21

图 3-53　改变前后字段的顺序

说明

移动数据表视图中的字段，不会改变"设计视图"中字段的排列顺序，而只是改变字段在"数据表视图"下的显示顺序。

2．调整字段显示宽度和高度

在所建立的表中，有时由于数据过长，数据显示被遮住；有时由于数据设置的字号过大，数据在一行中被切断。为了能够完整地显示字段中的全部数据，可以调整字段显示的宽度和高度。

调整字段显示宽度有两种方法：鼠标和菜单命令。

使用鼠标调整字段显示宽度的操作步骤如下：

（1）双击打开所需的表。

（2）将鼠标指针放在表中两个字段的交界处，这时鼠标指针变为左右方向的双箭头。

（3）按住鼠标左键，拖动鼠标左右移动，当调整到所需宽度时，松开鼠标左键。

使用菜单命令调整字段显示宽度的操作步骤如下：

（1）双击打开所需的表。

（2）将鼠标指针放在需要调整列宽列的任一单元格，选择"开始→记录→其他→字段宽度"选项，在弹出的对话框中选择"最佳匹配"选项调整字段显示宽度。

调整字段显示高度也有两种方法：鼠标和菜单命令。

使用鼠标调整字段显示高度的操作步骤如下：

（1）双击打开所需的表。

（2）将鼠标指针放在表中任意两行选定器之间，这时鼠标指针变为上下方向双箭头。

（3）按住鼠标左键，拖动鼠标上下移动，当调整到所需高度时，松开鼠标左键。

使用菜单命令调整字段显示高度的操作步骤如下：

（1）双击打开所需的表。

（2）将鼠标指针放在表中的任一单元格。

（3）选择"开始→记录→其他→行高"选项，弹出"行高"对话框。

（4）在该对话框的"行高"文本框中输入所需的行高值，如图 3-54 所示。

图 3-54　设置行高

 说明

调整字段的列宽与行高基本相同。但在更改行高后，会改变所有记录的高度，而列宽则可以针对个别字段进行设置，也就是各字段可以使用不同的宽度。

3．隐藏列或显示列

在数据表视图中，为了便于查看表中的主要数据，可以将某些字段列暂时隐藏起来，需要时再将其显示出来。

1）隐藏某些字段列

【例 3-22】将"学生"表中的"性别"字段列隐藏起来。

步骤 1：打开"教学信息管理"数据库。

步骤 2：双击"学生"表，打开该表的"数据表视图"。

步骤 3：单击"性别"字段列，如图 3-55 所示。如果一次要隐藏多列，单击要隐藏的第一列字段列，然后再按住鼠标左键，拖动鼠标到达最后一个需要选择的列。

例 3-22

学号	姓名	年级	所属院系	专业	班级ID	性别	生日
2021333			0			男	
2023289	孙睡	1	2	计算机科学与技术	102	女	2006/09/27
2023268	孙絮室	1	2	计算机科学与技术	102	女	2006/02/14
2023271	杨诗磋	1	2	计算机科学与技术	102	女	2006/03/07
2023275	王芙	1	1	日语	104	女	2006/02/14
2023277	李喻	1	1	日语	104	女	2006/05/13
2023280	杨迎肘	1	2	计算机科学与技术	103	女	2005/07/29
2023227	张三峰	1	4	新闻	112	男	2005/09/03

图 3-55　选定隐藏列

步骤 4：选择"开始→记录→其他→隐藏字段"选项，Access 即将选定的"性别"字段列隐藏起来，结果如图 3-56 所示。

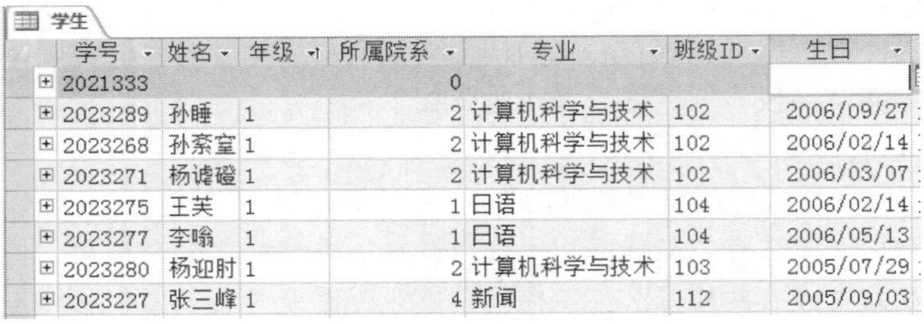

学号	姓名	年级	所属院系	专业	班级ID	生日
2021333			0			
2023289	孙睡	1	2	计算机科学与技术	102	2006/09/27
2023268	孙萦窒	1	2	计算机科学与技术	102	2006/02/14
2023271	杨诿磴	1	2	计算机科学与技术	102	2006/03/07
2023275	王芙	1	1	日语	104	2006/02/14
2023277	李喻	1	1	日语	104	2006/05/13
2023280	杨迎肘	1	2	计算机科学与技术	103	2005/07/29
2023227	张三峰	1	4	新闻	112	2005/09/03

图 3-56　隐藏列后的结果

2）显示隐藏的列

如果希望将隐藏的列重新显示出来，操作步骤如下：

（1）打开"教学信息管理"数据库。

（2）双击"学生"表，打开该表的数据表视图。

（3）选择"开始→记录→其他→取消隐藏字段"选项，弹出"取消隐藏列"对话框，如 3-57 所示。

（4）在"列"列表框中选中要显示列的复选框。

（5）单击"关闭"按钮。

即可将隐藏的列重新显示出来。

隐藏字段的操作不会显示任何对话框，隐藏之后，字段即暂时消失，此时可以再打开图 3-57。在此图中，有☑符号者表示字段已显示在数据工作区内，没有此符号者表示已隐藏此字段。此图状态表示"性别"字段已隐藏。

图 3-57　"取消隐藏列"对话框

4．冻结列或解冻列

在通常的操作中，常常需要建立比较大的数据库表，由于表过宽，在数据表视图中，有些关键的字段值因为水平滚动后无法看到，影响了数据的查看。例如"教学信息管理"数据库中的"教师"表，由于字段数比较多，当查看"教师"表中的"手机"字段值时，"姓名"字段已经移出了屏幕，因而不能知道是哪位教师的"手机"，解决这一问题的最好方法是利用 Access 提供的冻结列功能。

【例 3-23】冻结"教师"表中的"姓名"列。

步骤 1：打开"教学信息管理"数据库。

步骤 2：双击"教师"表，打开该表的数据表视图。

步骤 3：选择要冻结的字段列"姓名"。

步骤 4：选择"开始→记录→其他→冻结字段"选项。

例 3-23

步骤 5：在"教师"表中，滚动水平滚动条，结果如图 3-58 所示。

当向右移动水平滚动条后，"姓名"字段始终固定在最左方。若要取消冻结，可以选择"开始→记录→其他→取消冻结所有字段"选项，即可解除所有冻结的列。

教师						
姓名	专业	所属院系	宅电	手机	照片	简历
李质平	文科基础	4	（010）-604×××77	131×××9366		1990年毕业于
赵侃茹	文科基础	4	（010）-848×××99	135×××4127		
张衣沿	文科基础	4	（010）-869×××09	132×××3205		简历3
刘也	文科基础	4	（010）-685×××74	131×××5892		
张一弛	数学	2	（010）-666×××22	135×××8065		
杨齐光	数学	2	（010）-610×××08	135×××0842		
柳坡	数学	2	（010）-803×××17	133×××4621		
张庄庄	西语	1	（010）-673×××96	133×××6956		

图 3-58　冻结"姓名"字段列后

5．更改字体及设置数据表格式

在数据表视图中，一般在水平方向和垂直方向都显示网格线，网格线采用银色，背景采用白色。可以改变单元格的显示效果，如字体、字形和字号等，也可以选择网格线的显示方式和颜色、表格的背景颜色等。

【例 3-24】将"学生"表设置为如下的格式："字体"为楷体、"字号"为 12号、"字形"为斜体、"颜色"为深蓝、"单元格效果"为平面、"网格线显示方式"为水平方向、"背景色"为"浅灰 1"。

例 3-24

步骤 1：打开"教学信息管理"数据库。

步骤 2：双击"学生"表，打开该表的"数据表视图"。

步骤 3：选择"开始→文本格式"选项，在"字体"下拉列表中选择"楷体"，"字形"更改为" *I* " 斜体、"字号"更改为 12 号、" **A ·** "颜色更改为"深蓝"，如图 3-59 左图所示。

步骤 4：继续在"数据表视图"中选择"开始→文本格式→设置数据表属性"选项，弹出"设置数据表格式"对话框，如图 3-59 右图所示。

步骤 5：将"单元格效果"更改为平面、"网格线显示方式"更改为水平、"背景色"更改为"浅灰 1"，再单击"确定"按钮。

图 3-59 中的左图和右图都是以整个数据表为设置对象，无法针对特定记录或字段更改格式。

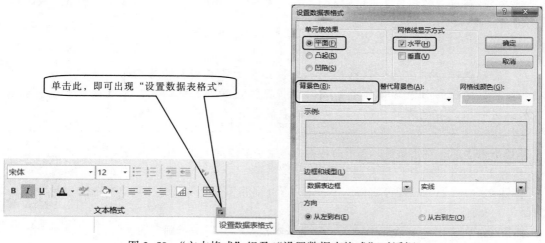

图 3-59　"文本格式"组及"设置数据表格式"对话框

3.6 操 作 表

创建好数据库和表后，需要对它们进行必要的操作。对数据表的操作可以在数据库窗口中对表进行复制、重命名和删除等操作；也可以在"数据表视图"中对表进行查找、替换指定的文本、对表中的记录排序及筛选指定条件的记录等操作。

3.6.1 复制、重命名及删除表

复制表可以对已有的表进行全部复制、只复制表的结构以及把表的数据追加到另一个表的尾部。

【例 3-25】将"学生"表的表结构复制一份，并命名为"学生备份"表。

步骤 1：打开"教学信息管理"数据库。

步骤 2：双击"学生"表，打开该表的数据表视图。

步骤 3：选择"学生"表，选择"开始→剪贴板→复制"选项；或右击，从其快捷菜单中选择"复制"命令；或直接按快捷键 Ctrl+C。

例 3-25

步骤 4：选择"开始→剪贴板→粘贴"选项；或右击，从其快捷菜单中选择"粘贴"命令；或直接按快捷键 Ctrl+V，弹出"粘贴表方式"对话框，如图 3-60 所示。

图 3-60 "粘贴表方式"对话框

步骤 5：在"表名称"文本框中输入"学生备份"，并选择"粘贴选项"栏中的"仅结构"单选按钮，最后单击"确定"按钮。

 说 明

"粘贴选项"栏中的"仅结构"单选按钮表示只复制表的结构而不复制记录；"结构和数据"单选按钮表示复制整个表；"将数据追加到已有的表"单选按钮表示将记录追加到另一个已有的表的尾部，这对数据表的合并很有用。

【例 3-26】将"学生备份"表重命名为"学生基本信息"表，然后再将其删除。

步骤 1：打开"教学信息管理"数据库。

步骤 2：在左边的"任务窗格"中右击"学生备份"表，从其快捷菜单中选择"重命名"命令。

例 3-26

步骤 3：在弹出的对话框中输入"学生基本信息"并单击"确定"按钮。

步骤 4：选择"学生基本信息"表，按 Del 键；或右击，从其快捷菜单中选择"删除"命令，弹出是否删除表的对话框，单击"是"按钮，执行删除操作。

3.6.2　查找与替换数据

在操作数据表时，如果表中的数据非常多，查找数据就比较困难。Access 提供了非常方便的查找功能，使用它可以快速地找到所需要的数据。

如果要修改多处相同的数据，可以使用替换功能，自动将查找到的数据更新为新数据。

【例 3-27】查找"学生"表中"籍贯"为"重庆"的所有记录，并将其值改为"四川"。

例 3-27

步骤 1：打开"教学信息管理"数据库。

步骤 2：双击"学生"表，打开该表的"数据表视图"。选择"开始→查找→查找"选项，弹出如图 3-61 所示的对话框。

步骤 3：在"查找内容"文本框中输入"重庆"，然后在"替换为"文本框中输入"四川"，其他选项如图 3-61 所示。

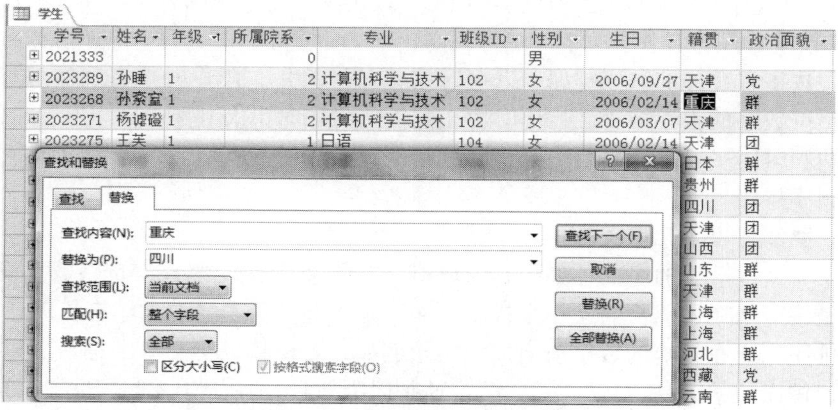

图 3-61　"查找和替换"对话框

步骤 4：如果一次仅替换一个，单击"查找下一个"按钮，找到后再单击"替换"按钮；如果不替换当前找到的内容，则继续单击"查找下一个"按钮；如果一次要替换出现的全部指定内容，则单击"全部替换"按钮。这里单击"全部替换"按钮后，会出现一个提示框，要求确认是否要完成替换操作。

步骤 5：单击"是"按钮，进行替换操作。

在指定查找内容时，希望在只知道部分内容的情况下对数据表进行查找，或者按照一定特定的要求查找记录。如果出现以上情况，可以使用通配符作为其他字符的占位符。

在"查找和替换"对话框中，可以使用如表 3-10 所示的通配符。

表 3-10　通配符的用法

字　　符	代 表 功 能	范　　例
*	通配任意个数的字符（个数可以为 0）	wh* 可以找到 white、wh 和 why 等，但找不到 wash 和 withot 等
?	通配任何单一字符	b?ll 可以找到 ball 和 bill 等，但找不到 blle 和 beall 等
[]	通配方括号内任何单个字符	b[ae]ll 可以找到 ball 和 bell，但找不到 bill 等
!	通配任何不在括号内的字符	b[!ae]ll 可以找到 bill 和 bll 等，但找不到 bell 和 ball

续表

字　符	代 表 功 能	范　例
-	通配范围内的任何一个字符，必须以递增排序来指定区域（A 到 Z）	b[a-c]d 可以找到 bad、bbd 和 bcd，但找不到 bdd 等
#	通配任何单个数字字符	1#3 可以找到 103、113、123 等

3.6.3　记录排序

　　一般情况下，向表中输入数据时，人们不会有意地去安排输入数据的先后顺序，而只考虑输入的方便性，按照数据到来的先后顺序输入。例如。在登记学生成绩时，哪一个学生的成绩先出来，就先录入哪一个，这符合实际情况和习惯。但从这些数据中查找所需的数据就十分不方便。为了提高查找效率，需要重新整理数据，对此最有效的方法是对数据进行排序。

　　排序是根据当前表中的一个或多个字段的值对整个表中的所有记录进行重新排列。排序时可以按升序，也可以按降序。排序记录时，不同的字段类型，排序规则有所不同，具体规则如下：

　　（1）英文按字母顺序排序，大小写视为相同，升序时按 A 到 Z 排序，降序时按 Z 到 A 排序。

　　（2）中文按拼音字母的顺序排序，升序时按 A 到 Z 排序，降序时按 Z 到 A 排序。

　　（3）数字按数字的大小排序，升序时由小到大，将序时由大到小。

　　（4）日期和时间字段，按日期的先后顺序排序，升序时按从前到后的顺序排序，降序时按从后向前的顺序排序。

　　排序时，要注意以下几点：

　　（1）对于"文本"型的字段，如果它的取值只有数字，那么 Access 也将数字视为字符串。因此排序时是按照 ASCII 码值的大小来排序，而不是按照数值本身的大小来排序。如果希望按其数值大小排序，应在较短的数字前面加上零。例如，希望将以下文本字符串"5""6""12"按升序排序，排序的结果是"12""5""6"，这是因为"1"的 ASCII 码小于"5"的 ASCII 码。要想实现升序排序，应将 3 个字符串改为"05""06""12"。

　　（2）按升序排列字段时，如果字段的值为空值，则将包含空值的记录排列在列表的第一条。

　　（3）数据类型为"长文本""超链接""OLE 对象"的字段不能排序。

　　（4）排序后，排序次序将与表一起保存。

　　【例 3-28】在"学生"表中按"籍贯"字段升序排序。

　　步骤 1：打开"教学信息管理"数据库。

　　步骤 2：双击"学生"表。

例 3-28

　　步骤 3：将鼠标指针放在"籍贯"字段列的任意一个单元格内。

　　步骤 4：选择"开始→排序和筛选→升序"选项，排序结果如图 3-62 所示。

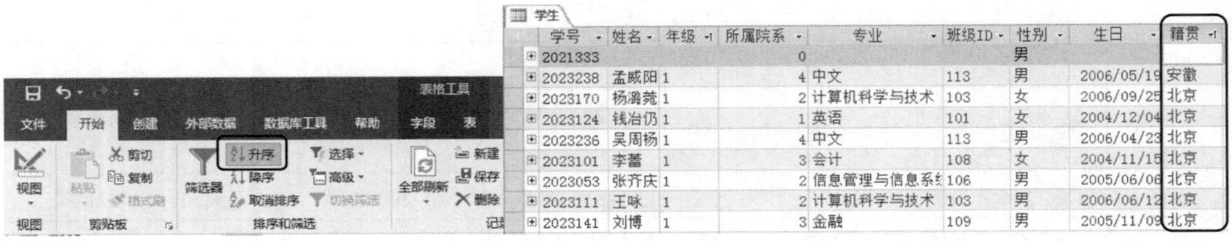

图 3-62　按"籍贯"排序后的结果

【例 3-29】在"学生"表中按"专业"和"籍贯"两个字段升序排序。

步骤 1：打开"教学信息管理"数据库。

步骤 2：双击"学生"表。

步骤 3：选择"专业"字段，将此列移动至"生日"和"籍贯"中间。

步骤 4：选择用于排序的"生日"和"籍贯"两个字段，

步骤 5：选择"开始→排序和筛选→升序"选项，排序结果如图 3-63 所示。

例 3-29

学号	姓名	年级	所属院系	班级ID	性别	生日	专业	籍贯
2021333				0	男			
2023061	杜尔淳	1		3 107	女	2005/03/14	会计	北京
2023095	杨子毅	1		3 108	男	2006/09/24	会计	北京
2023100	杨岚蓝	1		3 108	女	2006/07/28	会计	北京
2023101	李蕾	1		3 108	女	2004/11/15	会计	北京
2023071	李迅飞	1		3 107	男	2006/07/04	会计	贵州
2023112	侯馨	1		3 108	女	2006/07/11	会计	贵州
2023104	师雨	1		3 108	男	2006/03/05	会计	河北

按"专业"和"籍贯"升序排序

图 3-63　按"专业"和"籍贯"升序排序后的结果

 说　明

选择多个字段排序时，必须注意字段的先后顺序。Access 先对最左边的字段进行排序，然后依次从左到右进行排序。

【例 3-30】使用"高级筛选/排序"功能，在"学生"表中先按"年级"升序排序，再按"生日"降序排序。

步骤 1：打开"教学信息管理"数据库。

步骤 2：双击"学生"表。

例 3-30

步骤 3：选择"记录→排序和筛选→高级→高级筛选/排序"选项，出现如图 3-64 所示的"筛选"窗口。

"筛选"窗口分为上、下两部分。上半部分显示了被打开表的字段列表；下半部分是设计网格，用来指定排序字段、排序方式和条件。

步骤 4：单击设计网格中第一列字段行右侧的向下箭头按钮，从弹出的列表中选择"年级"字段，然后用同样的方法在第二列的字段行上选择"生日"字段。

步骤 5：单击"年级"的"排序"单元格，单击右侧向下箭头按钮，选择"升序"；使用同样的方法在"生日"的"排序"单元格中选择"降序"，如图 3-64 所示。

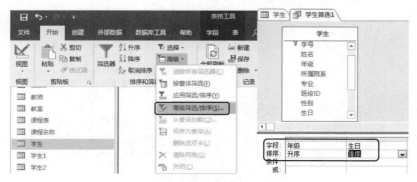

图 3-64　"筛选"窗口

步骤 6：选择"开始→排序和筛选→切换筛选"选项，排序结果如图 3-65 所示。

图 3-65　排序结果

在指定排序次序后，选择"开始→排序和筛选→取消排序"选项，可以取消所设置的排序顺序。

 说　明

在例 3-29 中，排序的两个字段必需是相邻的字段，而且两个字段都按同一种次序排序。如果希望两个字段按不同的次序排序，或者按两个不相邻的字段排序，就必须使用在例 3-30 中所使用的方法，即使用"高级筛选→排序"功能。

3.6.4　筛选记录

使用数据表时，经常需要从众多的数据表中挑选出一部分满足某种条件的数据进行处理。例如，在"学生"表中，需要从该表中找出政治面貌是"团"的学生。

对于筛选记录，Access 中提供了 3 种方法：使用筛选器筛选、按窗体筛选和高级筛选。使用"筛选器"是一种最简单的筛选方法，使用它可以很容易地找到包含某字段值的记录；"按窗体筛选"是一种快速的筛选方法，使用它不用浏览整个表中的记录，同时可以对两个以上字段的值进行筛选；"高级筛选"可以进行复杂的筛选，挑选出符合多重条件的记录。

经过筛选后的表，只显示满足条件的记录，而不满足条件的记录将被隐藏起来。

1. 使用筛选器筛选

【例 3-31】在"学生"表中筛选出政治面貌是"团"的所有学生记录。

步骤 1：打开"教学信息管理"数据库。

步骤 2：双击"学生"表。

步骤 3：在"政治面貌"列中，选中字段值"团"，然后右击，在弹出的快捷菜单中选择"等于"团""选项，结果如图 3-66 所示。

例 3-31

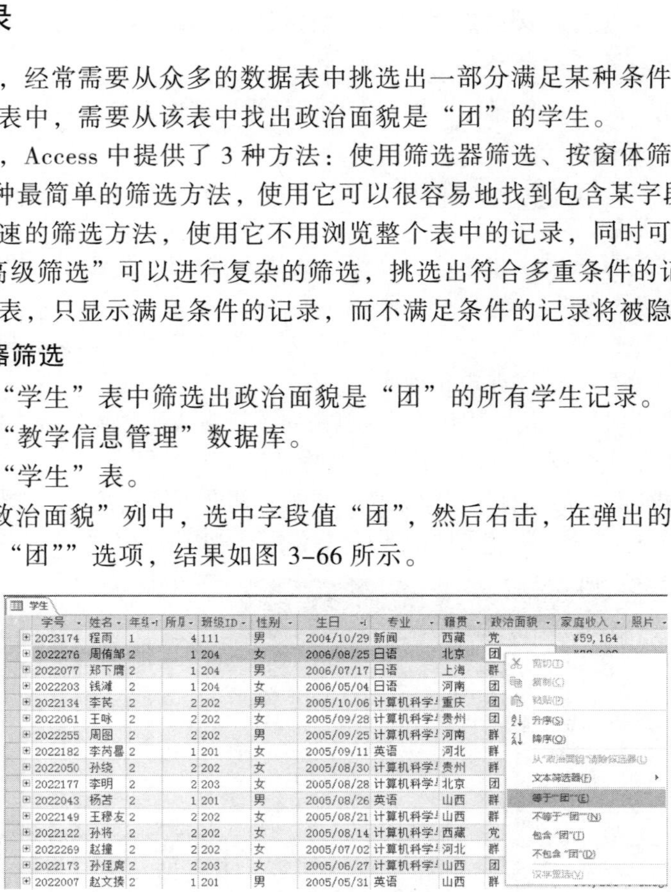

图 3-66　设置筛选条件及筛选结果

图 3-66　设置筛选条件及筛选结果（续）

2. 按窗体筛选

按窗体筛选记录时，Access 将数据表变成一个空白记录，每个字段是一个下拉列表框，可以从每个下拉列表框中选取一个值作为筛选的条件。如果选择两个以上的值，还可以通过窗体底部的"或"标签来确定两个字段值之间的关系。

【例 3-32】在"学生"表中筛选出年级是 1 年级的所有北京学生记录。

步骤 1：打开"教学信息管理"数据库。

步骤 2：双击"学生"表。

步骤 3：选择"开始→排序与筛选→高级→按窗体筛选"选项，打开"按窗体筛选"窗口，如图 3-67 所示。

例 3-32

图 3-67　"按窗体筛选"窗口

步骤 4：单击"查找"标签，单击"年级"字段右侧的向下箭头按钮，从下拉列表框中选择"1"。

步骤 5：再单击"籍贯"字段，从下拉列表框中选择"北京"。

步骤 6：选择"开始→排序和筛选→切换筛选"选项，即可进行筛选。

> 🖐 **说 明**
>
> 图 3-67 中，窗口底部有两个标签（"查找"和"或"标签）。在"查找"标签中输入的各条件表达式之间是"与"操作，表示各条件必须同时满足；在"或"标签中输入的各条件表达式之间是"或"操作，表示只要满足其中之一即可。

3. 高级筛选

前面介绍的 2 种方法是筛选记录中最容易的方法，筛选的条件单一，操作非常简单。但在实际应用中，常常涉及复杂的筛选条件。此时使用"高级筛选"，可以很容易实现复杂的筛选条件，而且还可以对筛选的结果进行排序。

【例 3-33】在"学生"表中查找 2006 年出生的男学生，并按"生日"降序排序。

步骤 1：打开"教学信息管理"数据库。

步骤 2：双击"学生"表。

例 3-33

步骤 3：选择"开始→排序与筛选→高级→高级筛选/排序"命令，打开"高级筛选/排序"窗口，如图 3-68 所示。

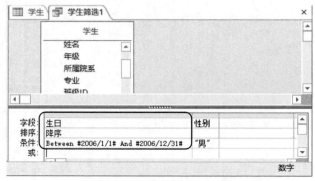

图 3-68　设置筛选条件和排序方式

步骤 4：单击设计网格中第一列"字段"行右侧的向下箭头按钮，从弹出的列表中选择"生日"字段，然后用同样的方法在第二列的"字段"行上选择"性别"字段。

步骤 5：在"生日"的"条件"单元格中输入筛选条件："Between #2006-1-1# And #2006-12-31#"（该条件的书写方法将在后续章节中介绍），在"性别"的"条件"单元格中输入筛选条件："男"。

步骤 6：单击"生日"的"排序"单元格，选择"降序"。

步骤 7：选择"开始→排序和筛选→切换筛选"选项，即可进行筛选。

本 章 小 结

本章主要讲述：

（1）创建表的两种常用方法：使用"数据表视图"创建表和使用"设计视图"创建表。

（2）向数据表中输入数据的两种方法：即直接输入数据和导入外部数据的方法。

（3）表的字段名称及数据类型设计。

（4）设置表的字段属性，包括字段大小、格式、默认值、输入掩码、验证规则、验证文本、索引等字段属性。

（5）设置表的主键、建立、编辑和删除多表关联及参照完整性的设置。

（6）数据表的维护，包括打开及关闭表、修改表的结构、编辑表的内容和调整表的外观等。

（7）操作表，包括复制、重命名及删除表、查找及替换数据、记录的排序及筛选。

习 题

一、思考题

1. 简述创建表的两种常用方法，比较两种方法的优缺点。

2. 数据表有设计视图和数据表视图，它们各有什么作用？

3. Access 支持的导入数据的文件类型有哪些？

4. 表中字段的数据类型共有几种？

5. OLE 对象型字段能输入什么样的数据？如何输入？

6. 举例说明 Access 数据库管理系统中实现的表间关系。

7. 记录的筛选与排序有何区别？Access 提供了几种筛选方式？它们有何区别？

8. 如何显示子数据表的数据？

9. 如何冻结或解冻列、隐藏或显示列？

二、选择题

1. 下列选项中错误的字段名是（　　　）。

　　A. 已经发出货物客户　　　　　　　　B. 通讯地址～1

　　C. 通讯地址.2　　　　　　　　　　　D. 1 通讯地址

2. Access 表中字段的数据类型不包括（　　　）。

　　A. 短文本　　　　B. 长文本　　　　C. 通用　　　　D. 日期/时间

3. 如果表中有"联系电话"字段，若要确保输入的联系电话值只能为 8 位数字，应将该字段的输入掩码设置为（　　　）。

　　A. 00000000　　B. 99999999　　C. ########　　D. ????????

4. 通配任何单个字母的通配符是（　　　）。

　　A. #　　　　　　B. !　　　　　　C. ?　　　　　　D. []

5. 若要求在文本框中输入文本时达到密码"*"号的显示效果，则应设置的属性是（　　　）。

　　A. "默认值"属性　　　　　　　　　　B. "标题"属性

　　C. "密码"属性　　　　　　　　　　　D. "输入掩码"属性

6. 下列选项叙述不正确的是（　　　）。

　　A. 如果文本字段中已经有数据，那么减小字段大小不会丢失数据

　　B. 如果数字字段中包含小数，那么将字段大小设置为整数时，Access 自动将小数取整

　　C. 为字段设置默认属性时，必须与字段所设的数据类型相匹配

　　D. 可以使用 Access 的表达式来定义默认值

7. 要在输入某日期/时间型字段值时自动插入当前系统日期，应在该字段的默认值属性框中输入（　　　）表达式。

　　A. Date()　　　　B. Date[]　　　　C. Time()　　　　D. Time[]

8. 数据表中的"行"称为（　　　）。

　　A. 字段　　　　　B. 数据　　　　　C. 记录　　　　　D. 数据视图

9. 默认值设置是通过（　　　）操作来简化数据输入。

　　A. 清除用户输入数据的所有字段　　　B. 用指定的值填充字段

　　C. 消除了重复输入数据的必要　　　　D. 用与前一个字段相同的值填充字段

10. 在 Access 中，利用"查找和替换"对话框可以查找到满足条件的记录，要查找当前字段中所有第一个字符为"y"最后一个字符为"w"的数据，下列选项中正确使用通配符的是（　　　）。

　　A. y[abc]w　　　　B. y*w　　　　C. y?w　　　　D. y#w

三、填空题

1. 修改表结构只能在_____视图中完成。

2. 修改字段包括修改字段的名称、_____、说明等。

3. 在 Access 中，可以在_____视图中打开表，也可以在"设计视图"中打开表。

4. "是/否"型字段实际保存的数据是_____或_____，_____表示"是"，_____表示"否"。

5. 如果希望两个字段按不同的次序排序，或者按两个不相邻的字段排序，须使用_____窗口。

6. 在数据表视图中，_____某字段列或几个字段列后，无论用户怎样水平滚动窗口，这些字段总是可见的，并且总是显示在窗口的最左边。

7. 在 Access 的数据表中，必须为每个字段指定一种数据类型，字段的数据类型有_____、_____、_____、_____、_____、_____、_____、_____、_____、_____、_____。其中，_____数据类型可用于为每个新记录自动生成数字。

8. 在输入数据时，如果希望输入的格式标准保持一致或希望检查输入时的错误，可以通过设置字段的_____属性来设置。

四、上机实验

1. 建立"教学信息管理"数据库，导入数据库中的 7 张表。

2. 设置表的各种属性及建立表间关系。

（1）对"教师"的"宅电"字段设置输入掩码，以保证用户只能输入 3 个数字的区号和 8 个数字的电话号码，区号和电话号码之间用"-"分隔。

（2）在"学生"表中，通过"输入掩码向导"为"生日"字段设置输入掩码为短日期；将"生日"字段的格式属性设置为长日期，并在数据表视图窗口查看"生日"字段的显示结果，比较输入掩码和格式的区别。

（3）在"成绩"表中，要求"考分"字段只能接收 1～100 之间的整数，请为该字段设置验证规则，违反该规则时提示用户"请输入 1～100 之间的数据"。

（4）在"成绩"表中，要求"考分"字段的所有数据小数点后显示 2 位小数。

（5）将"成绩"表的"学号""课程 ID"和"考分"字段分别改名为"XH""KCID"和"KF"，在数据表视图窗口中查看显示结果。

（6）把字段"XH""KCID"和"KF"的"标题"属性分别设置为"学号""课程 ID"和"考分"，在"数据表视图"中查看显示结果有什么变化。

（7）为各表设置合适的主键，建立表间的关系，结果如图 3-69 所示。

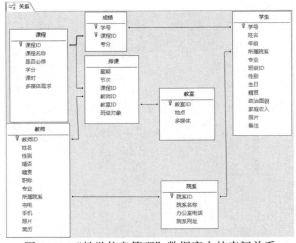

图 3-69 "教学信息管理"数据库中的表间关系

3. 对各表记录的操作。

（1）在"学生"表的第 8 条记录的"照片"字段中输入一张照片，照片文件自选。

（2）只显示"学生"表的"学号""姓名"和"性别"3 个字段，然后再显示全部字段的信息。

（3）将"学生"表的"学号""姓名"字段冻结起来，然后移动光标，观察显示结果，最后再解冻列。

（4）筛选出"男"学生的记录，然后再取消筛选。

（5）筛选出"云南"的"男"生记录，然后显示表的全部记录。

第 4 章
查 询

数据库中的数据通常被保存在数据表中。虽然用户可以在表中进行很多操作，如浏览数据、排序数据、对数据进行筛选和更新等，但必要时还应该对数据进行检索和分析。并且用户对数据库的数据管理及利用并不是只停留在某一个数据表的数据上，有时需要综合利用多个数据源来完成某些任务。

数据库管理系统的优点不仅在于它能存储数据，更在于它能处理数据，其强大的查询功能，使用户能够很方便地从海量数据中找到针对特定需求的数据。使用 Access 的查询对象可以按照不同的方式查看、更改和分析数据，查询结果还可以作为其他数据库对象（如窗体和报表等）的数据来源。

4.1 认 识 查 询

在 Access 中，任何时候都可以从已经建立的数据库表中按照一定的条件抽取出需要的记录。查询就是实现这种操作最主要的方法。

4.1.1 查询的功能

查询是对数据表中的数据进行查找，产生一个类似于表的结果，它是 Access 数据库中的第二个对象。在 Access 中可以方便地创建查询，在创建查询的过程中定义要查询的内容和条件，Access 将根据定义的内容和条件在数据库表中搜索符合条件的记录，同时查询可跨越多个数据表，也就是通过关系在多个数据表间寻找符合条件的记录。利用查询可以实现以下功能：

1. 选择字段

在查询中，可以只选择表中的部分字段。如建立一个查询，只显示"教师"表中每名教师的姓名、性别和科室。利用查询这一功能，可以通过选择一个表中的不同字段生成所需的多个表。

2. 选择记录

根据特定的条件查找所需的记录，并显示找到的记录。如建立一个查询，只显示"教师"

表中职称是教授的男教师。

3．编辑记录

编辑记录主要包括添加记录、修改记录和删除记录等。在 Access 中，可以利用查询添加、修改和删除表中的记录。比如将政治面貌是"群众"的学生从"学生"表中删除。

4．实现计算

查询不仅可以找到满足条件的记录，而且还可以在建立查询的过程中进行各种统计计算，如计算每门课程的平均成绩。另外，还可以建立一个计算字段，利用计算字段保存计算的结果。

5．建立新表

利用查询得到的结果可以建立一个新表。如将"考分"大于等于 60 分以上的学生找出来并放在一个新表中。

6．建立基于查询的报表和窗体

为了从一个或多个表中选择合适的数据显示在报表或窗体中，可以先建立一个查询，然后将该查询的结果作为报表或窗体的数据源。每次打印报表或窗体时，该查询就从它的基表中检索出符合条件的新记录，提高了报表或窗体的使用效果。

4.1.2 查询与数据表的关系

由于表和查询都可以作为数据库的"数据来源"的对象，可以将数据提供给窗体、报表或另外一个查询，所以，一个数据库中的数据表和查询名称不可重复，如有"学生"数据表，则不可以再建立名为"学生"的查询。

与表不同的是，查询本身并不保存数据，它保存的是如何取得信息的方法与定义（亦即相关的 SQL 语句），当运行查询时，便会取得这些信息，但是通过查询所得的信息并不会存储在数据表中。在数据库中建立查询，以便在需要取得特定信息时立即运行特定的查询来获取所需的信息。因此，两者的关系可以理解为，数据表负责保存记录，查询负责取出记录，两者在目的上可以说完全相同，都可以将记录以表格形式显示在屏幕上，这些记录的进一步处理是用来制作窗体、报表。

4.1.3 查询的类型

Access 支持 5 种不同类型的查询，即选择查询、参数查询、交叉表查询、操作查询和 SQL 查询。

1．选择查询

选择查询是最常用的查询类型，它可以从数据库的一个或多个表中检索数据，也可以在查询中对记录进行分组，并对记录做总计、计数、平均值以及其他类型的统计计算。

2．参数查询

参数查询在执行时将出现对话框，提示用户输入参数，系统根据所输入的参数找出符合条件的记录。

3．交叉表查询

使用交叉表查询可以计算并重新组织数据的结构，这样可以更加方便地分析数据。交叉表查询计算数据的总计、计数、平均值以及其他类型的综合计算。这种数据可以分为两类信息：

一类作为行标题在数据表左侧排列；另一类作为列标题在数据表的顶端。

4．操作查询

操作查询是仅在一个操作中更改许多记录的查询，共有 4 种类型：删除、更新、追加与生成表。

5．SQL 查询

SQL 查询是用户使用 SQL 语句创建的查询。可以用结构化查询语句（SQL）来查询、更新和管理 Access 这样的关系数据库。Access 中，在查询的设计视图中创建的每一个查询，系统都在后台为它建立了一个等效的 SQL 语句。执行查询时系统实际上就是执行这些 SQL 语句。

但是，并不是所有的 SQL 查询都能够在设计视图中创建出来，如联合查询、传递查询、数据定义查询和子查询只能通过编写 SQL 语句实现。

4.2　使用向导创建查询

Access 提供了 2 种创建查询的方法，一是使用查询向导创建查询；二是使用"设计视图"创建查询。选择向导类型可以快捷地创建所需要的查询，如图 4-1 所示。

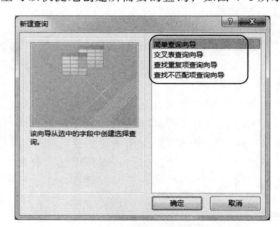

图 4-1　"新建查询"对话框

4.2.1　使用简单查询向导创建查询

这种方式创建的查询是最常用、最简单的查询，读者可以在向导的提示下选择表和表中的字段。

【例 4-1】使用"简单查询向导"创建一个查询，查询的数据源为"学生"表，查询结果显示"学生"表中的"学号""姓名""性别"和"生日" 4 个字段，查询命名为"学生基本信息查询"。

例 4-1

步骤 1：启动 Access 及打开"教学信息管理.accdb"数据库（注：以下例题都使用此数据库）。

步骤 2：选择"创建→查询→查询向导"选项，弹出"新建查询"对话框，如图 4-1 所示。

步骤 3：选择"简单查询向导"选项，单击"确定"按钮，弹出"简单查询向导"对话框，如图 4-2 所示。在"表/查询"下拉列表框中选择用于查询的"学生"表，此时在"可用字段"

列表框中显示了"学生"表中的所有字段，选择查询需要的字段，然后单击 ▸ 按钮，所选字段被添加到"选定字段"列表框中。重复上述操作，依次将需要的字段添加到"选定字段"列表框中。

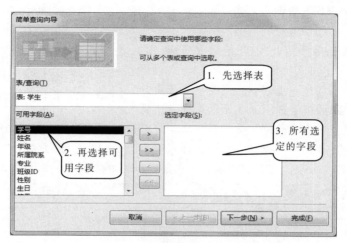

图 4-2 "简单查询向导"对话框

在选择字段时，也可以使用 ▸ 按钮和 ▸▸ 按钮。使用 ▸ 按钮可一次选择一个字段，使用 ▸▸ 按钮可一次选择全部字段，若要取消已选择的字段，可以使用 ◂ 按钮和 ◂◂ 按钮。

步骤 4：单击"下一步"按钮，弹出指定查询标题的"简单查询向导"对话框，如图 4-3 所示，在"请为查询指定标题"文本框中输入标题名为"学生基本信息查询"，如果要打开查询查看结果，则选择"打开查询查看信息"单选按钮；如果要修改查询设计，则选择"修改查询设计"单选按钮。这里选择"打开查询查看信息"单选按钮。

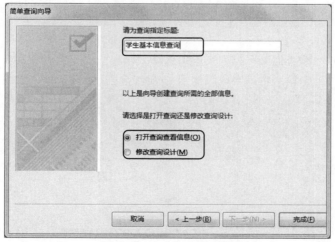

图 4-3 输入新查询名称

步骤 5：单击"完成"按钮，查询结果如图 4-4 所示。

图 4-4 显示了"学生"表中的一部分信息。这个例子说明使用查询可以从一个表中检索需要的数据。但实际工作中，需要查找的信息可能不在一个表中（如例 4-2），因此，必须建立多表查询，才能找出满足要求的记录。

【例 4-2】使用"简单查询向导"在"教学信息管理"数据库中查找每名学生的选课成绩,并显示"学号""姓名""课程名称"和"考分"4 个字段,查询命名为"学生成绩查询"。

例 4-2

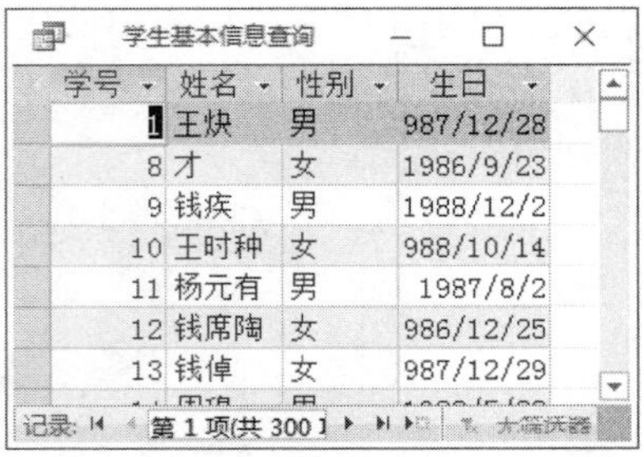

步骤 1:启动 Access 及打开"教学信息管理.accdb"数据库。

步骤 2:选择"创建→查询→查询向导"选项,弹出"新建查询"对话框,如图 4-1 所示。选择"简单查询向导"选项,单击"确定"按钮,弹出"简单查询向导"对话框,如所图 4-2 所示。

图 4-4 "学生基本信息查询"数据表视图

步骤 3:在"表/查询"下拉列表框中选择"学生"表,然后分别双击"可用字段"列表框中的"学号""姓名"字段,将它们添加到"选定字段"列表框中,如图 4-5 所示。

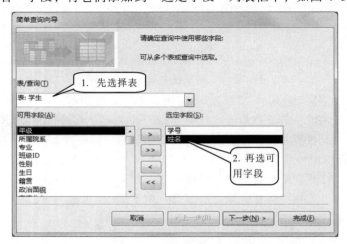

图 4-5 选择"学生"表中的字段

步骤 4:再次在"表/查询"下拉列表框中选择"课程"表,然后分别双击"可用字段"列表框中的"课程名称"字段,将该字段添加到"选定字段"列表框中,如图 4-6 所示。

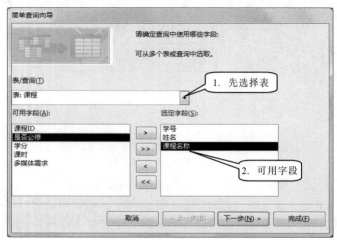

图 4-6 选择"课程"表中的字段

步骤 5：重复步骤 3，将"成绩"表中的"考分"字段添加到"选定字段"列表框中，选择后结果如图 4-7 所示。

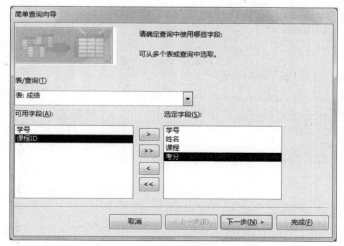

图 4-7 选择"成绩"表中的字段

步骤 6：单击"下一步"按钮，确定是采用"明细"查询，还是"汇总"查询。选择"明细"单选按钮，如图 4-8 所示，则查看详细信息；选择"汇总"单选按钮，则对一组或全部记录进行各种统计。单击"明细"单选按钮，如图 4-8 所示，单击"下一步"按钮。

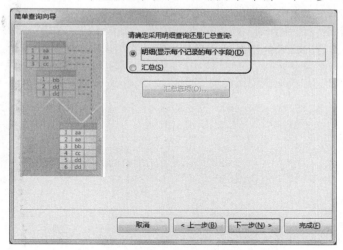

图 4-8 选择"明细"或"汇总"

步骤 7：在"请为查询指定标题"文本框中输入"学生成绩查询"，然后选择"打开查询查看信息"单选按钮，如图 4-9 所示。

步骤 8：单击"完成"按钮，查询结果如图 4-10 所示。

该查询不仅显示了"学号""姓名""课程名称"，而且还显示了"考分"，它涉及了"教学信息管理"数据库的 3 个表。由此可以说明，Access 的查询功能非常强大，它可以将多个表中的信息联系起来，并且可以从中找出满足条件的记录。

在数据表视图显示查询结果时，字段的排列顺序与在"简单查询向导"对话框中选定字段的次序相同。因此，在选择字段时，应该考虑按字段的显示顺序选取，当然，也可以在"数据表视图"中改变字段的顺序。

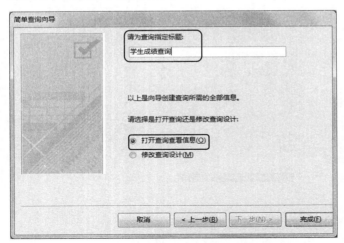

图 4-9　指定查询标题

图 4-10　"学生成绩查询"结果

4.2.2　使用交叉表查询向导创建查询

交叉表查询以水平和垂直方式对记录进行分组，并计算和重构数据，使查询后生成的数据显示得更清晰，结构更紧凑、合理。交叉表查询还可以对数据进行汇总、计数、求平均值等操作。

图 4-11 是一个用"选择查询"得到的查询结果，图 4-12 则是用"交叉表查询"得到的查询结果。比较两图，查询得到的结果是一样的，哪一个看起来更清晰？显然图 4-12 给出的数据更加清晰，结构也非常紧凑。

班级ID	性别	学号之计数
	男	1
101	男	9
101	女	12
102	男	10
102	女	18
103	男	16
103	女	21

图 4-11　"选择查询"得到的查询结果

班级ID	男	女
		1
101	9	12
102	10	18
103	16	21
104	4	11
105	9	11
106	7	13

图 4-12　"交叉表查询"得到的查询结果

所谓"交叉表查询"，就是将来源于某个表中的字段进行分组，一组列在数据表的左侧，一组列在数据表的上部，然后在数据表行与列的交叉处显示表中某个字段的各种计算值。图 4-12 所示的就是一个交叉表查询。

【例 4-3】使用"交叉表查询向导"在"教学信息管理"数据库中创建统计各班男女生人数的交叉表查询，命名为"各班男女生人数"，查询结果如图 4-12 所示。

步骤 1：启动 Access 及打开"教学信息管理.accdb"数据库。

步骤 2：选择"创建→查询→查询向导"选项，弹出"新建查询"对话框，如图 4-13 所示。选择"交叉表查询向导"选项，单击"确定"按钮，弹出"交

例 4-3

叉表查询向导"对话框，如图 4-14 所示。

图 4-13　"新建查询"对话框

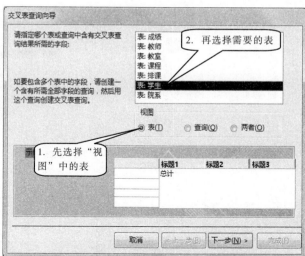

图 4-14　"交叉表查询向导"对话框 1

步骤 3：交叉表查询的数据源可以是表，也可以是查询。此例所需的数据源是"学生"表，因此单击"视图"选项组中的"表"单选按钮，这时上面的列表框中显示出"教学信息管理"数据库中存储的所有表的名称，选择"学生"表。

步骤 4：单击"下一步"按钮，弹出如图 4-15 所示的对话框。

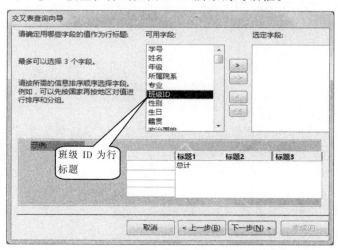

图 4-15　"交叉表查询向导"对话框 2

步骤 5：确定交叉表的行标题。行标题最多可以选择 3 个字段，为了在交叉表的每一行的前面显示班级，应双击"可用字段"列表框中的"班级 ID"字段（这里只需要选择一个行标题），然后单击"下一步"按钮，弹出图 4-16 所示的对话框。

步骤 6：确定交叉表的列标题，列标题只能选择一个字段。为了在交叉表的每一列上面显示性别，这里单击"性别"字段，然后单击"下一步"按钮，弹出图 4-17 所示的对话框。

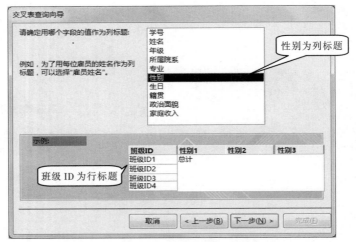

图 4-16　"交叉表查询向导"对话框 3

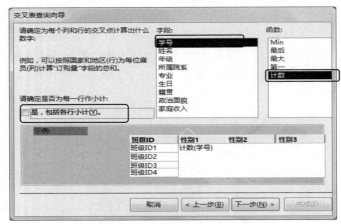

图 4-17　"交叉表查询向导"对话框 4

步骤 7：确定每个行和列的交叉点计算出什么数据。为了让交叉表查询显示每班男女生的人数，应该选择"字段"列表框中的"学号"字段，然后在"函数"列表框中选择"计数"。若不在交叉表的每行前面显示总计数，应取消选择"是，包括各行小计"复选框，然后单击"下一步"按钮。

步骤 8：在"请为查询指定标题"文本框中输入"各班男女生人数"，然后选择"查看查询"单选按钮。

步骤 9：单击"完成"按钮。

此时，"交叉表查询向导"开始建立交叉表查询，最后以数据表视图方式显示图 4-12 所示的查询结果。

👆 **说明**

> 使用"交叉表查询向导"创建的查询，数据源必须是来源于一个表或查询。如果数据源来自多个表，可以先建立一个查询，然后再以此查询作为数据源。如果用查询的设计视图来做交叉表查询，数据源可以是多个表或多个查询。

4.2.3 使用查找重复项查询向导创建查询

在 Access 中有时需要对数据表中某些具有相同字段值的记录进行统计计数。如统计学历相同的人数等。使用"查找重复项查询向导",可以迅速完成这个任务。

【例 4-4】使用"查找重复项查询向导"在"教学信息管理"中完成对"教师"表中各种职称人数的统计查询,命名为"教师职称统计查询"。

步骤 1:启动 Access 及打开"教学信息管理.accdb"数据库。

步骤 2:选择"创建→查询→查询向导"选项,弹出"新建查询"对话框,如图 4-18 所示。选择"查找重复项查询向导"选项,单击"确定"按钮,弹出"查找重复项查询向导"对话框,如图 4-19 所示。

例 4-4

图 4-18 "新建查询"对话框   图 4-19 "查找重复项查询向导"对话框

步骤 3:选取具有重复值的字段"职称"所在的"教师"表,单击"下一步"按钮,弹出图 4-20 所示的对话框,提示选择可能包含重复项的字段。在"可用字段"列表框中选择所需的字段"职称",可以是一个或多个字段,单击"完成"按钮。

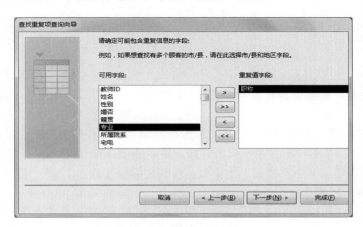

图 4-20 选择包含重复信息的字段

步骤 4：图 4-21 所示的查询结果中查询字段名称均为系统自动命名，字段名"NmberOfDps"是系统为统计计数字段的命名。可以根据需要为其重新命名，具体方法在后续章节中介绍。

职称 字段	NmberOfD ▾
副教授	10
讲师	17
教授	8
助教	2

图 4-21　查找重复项的查询结果

此查询结果表示"教师"表中职称为"副教授""讲师""教授"和"助教"的教师人数分别为 10、17、8 和 2 人。

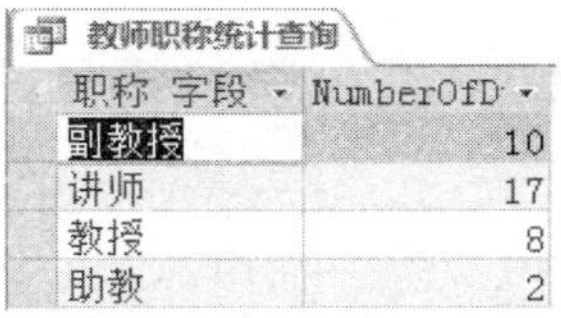

4.2.4　使用查找不匹配项查询向导创建查询

查找不匹配项查询向导可以在一个表中查找与另一个表中没有相关记录的记录。

【例 4-5】使用"查找不匹配项查询向导"在"教学信息管理"数据库中查找那些在"成绩"表中没有选课成绩的学生记录（即没有选课的学生），查询输出字段包括"学号""姓名"和"性别"，命名为"没有选课的学生查询"。

步骤 1：启动 Access 及打开"教学信息管理.accdb"数据库。

例 4-5

步骤 2：选择"创建→查询→查询向导"选项，弹出"新建查询"对话框，如图 4-22 所示。选择"查找不匹配项查询向导"选项，单击"确定"按钮，弹出"查找不匹配项查询向导"对话框，如图 4-23 所示。

图 4-22　"新建查询"对话框

图 4-23　"查找不匹配项查询向导"对话框

步骤 3：选择"学生"表后单击"下一步"按钮，弹出图 4-24 所示的对话框。

步骤 4：选择含有相关记录的表即"成绩"表后单击"下一步"按钮，弹出图 4-25 所示的对话框。

步骤 5：确定在两张表中都有的信息，即匹配字段。在字段列表框中选择两个表都有的字段，如"学号"，然后单击"下一步"按钮，弹出图 4-26 所示的对话框。

步骤 6：选择查询结果中需要显示的字段，在列表框中选择"学号""姓名"和"性别"字段，单击"下一步"按钮。

步骤 7：在"请指定查询的名称"文本框中输入查询的名称，然后单击"完成"按钮，显示查询结果如图 4-27 所示。

图 4-24 选择含有相关记录的表

图 4-25 选择匹配字段

图 4-26 选择查询的字段

图 4-27 查找不匹配项的查询结果

4.3　使用设计视图创建查询

使用查询向导只能创建一些简单的查询，而且实际的功能也很有限。有时，需要设计更加复杂的查询，以满足实际的功能上的需要，此时可以使用 Access 提供的"创建→查询设计"选项。它比查询向导的功能强大，而且应用设计视图不仅可以创建新的查询，还可以对已有的查询进行编辑和修改。

4.3.1　在"设计视图"中创建查询的步骤

在查询的"设计视图"中依次完成下列操作，即可得到所需的查询结果：

（1）打开"查询设计"视图。

（2）添加查询所需的表与查询。

（3）决定查询的类型：最常使用的是选择查询。事实上当进入"查询设计"视图时，默认的查询类型就是选择查询。

（4）选择要显示在查询结果中的字段或设置输出表达式：如果查询字段是一个表达式，应该谨慎设置查询的字段名称。

（5）视需要设置查询字段的属性。

（6）排序查询结果（选择性的）：可以根据一个或多个字段来排序查询结果，以便让查询结果根据特定的条件来排列，提高数据的可读性。

（7）指定查询的条件：除非是针对数据表中所有的数据记录进行统计运算，否则指定查询的条件是不可缺少的，只有这样，才能筛选出符合特定条件的数据记录。在指定查询条件时，一定会涉及运算符、函数的使用及一些特定字符的使用。

（8）查询分组（选择性的）：在查询时常常需要针对不同的分组数据计算出各项统计信息，以便得到需要的统计数据。

说 明

　　关于查询的对象，必须注意下列事项：查询的对象不仅仅是数据表，也可以是另外一个查询；查询的对象也可以是链接数据表。由于查询的对象也可以是链接的数据表，因此不仅可以构建出跨 Access 数据库的查询，而且还可以去查询其他数据源（如 Excel、SQL Server、文本文件等）。

4.3.2　在"设计视图"中创建查询

建立查询的第一步，就是启动查询设计视图并指定查询所需的数据表或查询，然后再进一步确定出现在查询结果中的字段。

【例 4-6】在"教学信息管理"数据库中查询学生的学号、姓名、课程名称及考分。命名为"学生成绩查询 1"。

步骤 1：启动 Access 及打开"教学信息管理.accdb"数据库。

步骤 2：选择"创建→查询→查询设计"选项，弹出"显示表"对话框，如图 4-28 所示。依次双击"学生""课程"和"成绩"三张表，单击"关闭"按钮，结果如图 4-29 所示。

例 4-6

图 4-28 "显示表"对话框

图 4-29 查询设计视图

在图 4-29 所示查询设计视图的下半部分的设计网格区中，每一列都对应查询结果集的一个字段；单元格的行标题表明了该字段的属性及要求，例如：

"字段"：设置查询结果中用到的字段的名称。可以通过从上部的字段列表中拖动字段；或者通过单击该行，从显示的下拉式列表框中选择字段名，以添加字段；也可以通过表达式的使用生成计算字段，并根据一个或多个字段的计算提供计算字段的值。

"表"：该字段来自的数据对象（表或查询）。

"排序"：确定是否按该字段排序以及按何种方式排序。

"显示"：确定该字段是否在查询结果集中可见。

"条件"：用来指定该字段的查询条件。

"或"：用来指定"或"关系的查询条件。

步骤 3：在下方字段内单击，出现 ✓ 按钮后，再单击，在其下拉列表框中选择"学生.学号""学生.姓名""课程名称.课程"和"考分.成绩"字段，如图 4-30 所示。

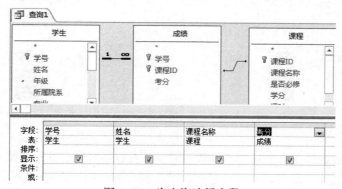

图 4-30 为查询选择字段

步骤 4：单击"运行"按钮，显示如图 4-31 所示的查询结果。

学号	姓名	课程名称	考分
12	钱席陶	德语3	88
15	赵岖	德语3	79.5
17	李辖舟	德语3	79
19	王岂	德语3	57
20	孙弋澡	德语3	83
21	杨乔	德语3	90
22	王园	德语3	86
24	孙卢腩	德语3	92
25	周幕	德语3	78
30	周习	德语3	66

图 4-31　查询结果

 说　明

查询至少使用一个表或查询。若使用多个表，则表与表之间必须有关系。

表中字段的引用方法：表名.字段名，如学生.姓名。

4.3.3　在"设计视图"中的操作

1．插入新字段

在查询中插入新字段的操作步骤如下：

【例 4-7】在【例 4-6】的查询结果中，在"课程名称"与"考分"字段间插入新字段"学分"。

步骤 1：启动 Access 及打开"教学信息管理.accdb"数据库。

步骤 2：在设计视图打开【例 4-6】的"学生成绩查询 1"。

例 4-7

步骤 3：用鼠标在下方空白字段内单击左键，出现 ✓ 按钮后，再单击左键，在下拉列表中选择"课程"表的"学分"字段。

步骤 4：选择"学分"字段列，将其移动到需要的位置即可，如图 4-32 所示。

图 4-32　插入新字段

2．移出字段

可能在选择了查询输出字段后，才发现不需要查看有些字段信息，如果想把它从查询结果中移出，操作非常简单，只需把鼠标放置在该字段所在列的顶端，此时鼠标指针显示为 ↓，表示可以选取整列，如图 4-32 所示，然后按 Del 键，即可将它从查询结果中移出。

在图 4-32 的状态下，按 Del 键，即可移出该字段，但是在查询结果中不显示该字段，该字段仍存在于数据表内。

3．添加表或查询

在已创建查询的设计视图窗口上半部分，每个表或查询的"字段列表"中，列出了可以添加到"设计网格"上的所有字段。但是，如果在列出的所有字段中没有所要的字段，就需要将该字段所属的表或查询添加到"设计视图"中。

在"设计视图"中，添加表或查询的操作步骤如下：

步骤 1：在"设计视图"中打开某个查询。

步骤 2：在查询设计器上半部分窗口的空白处右击，在弹出的快捷菜单中选择"显示表"命令，如图 4-33 所示，在弹出的"显示表"对话框中选择需要添加的表或查询即可。

图 4-33　添加"表或查询"窗口

4．删除表或查询

删除表或查询的操作与添加表或查询的操作相似，首先打开要修改查询的"设计视图"，在"设计视图"中，右击要删除的表或查询，在弹出的快捷菜单中选择"删除表"命令，或选中要删除的对象，按 Del 键即可。删除表或查询后，它们的字段列表也将从查询中的"设计网格"的字段中删除。

5．排序查询的结果

在"设计网格"中，如果没有对数据进行排序，查询后得到的数据将无规律可循，且影响查看。图 4-34 是先按"字号"升序排序、再按"考分"降序的排序结果。

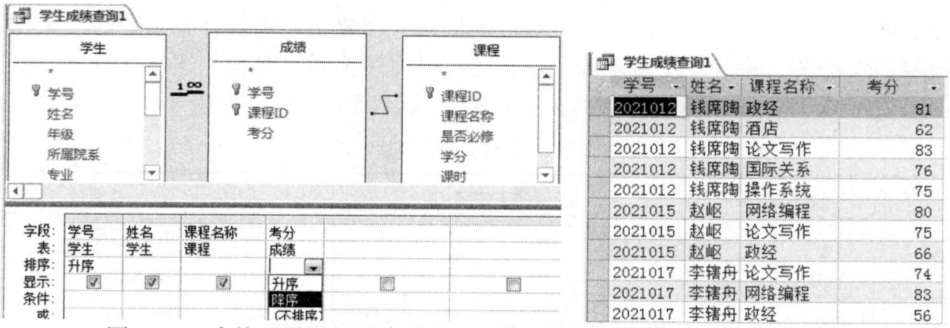

图 4-34　先按"学号"升序排序、再按"考分"降序排序的排序结果

> **说 明**
> 在 Access 中，可以为多个字段设置排序，此时的排序顺序是由左至右，故最左方的排序字段，会最先被排序，依此类推。

4.3.4 查询字段的表达式与函数

在许多时候，可以将 Access 的查询当作一个数据表来使用。最常用的情况是以查询作为报表的记录来源，以便通过报表的专业版面将查询中的数据打印出来。查询之所以强大，是因为它不仅仅只是查询出字段的内容，还能针对字段的内容进行统计与运算，而统计与运算后的结果可以成为查询字段的内容，为了能够顺利地完成查询的统计与运算功能，此处先介绍表达式与函数的意义。

1. 表达式

表达式是一个或一个以上的字段、函数、运算符、内存变量或常量的组合。例如，想要将"工资"字段中的值乘以 12 以便计算出"年薪"，可以通过下面的表达式计算得到：

实际上，表达式与数学式子非常相似，在建立表达式时，须注意以下事项：

（1）将字段包含在一对中括号（[ ]）中。例如：

[单价]*[数量]

（2）将常量字符串包含在一对单引号或双引号中（引号必须是英文半角符号）。例如：

[姓名]+"先生/小姐"

（3）将日期时间包含在一对井字号（#）中。例如：

#2006/09/02 AM 10:10:10#+20

（4）使用运算符"&"或"+"来连接"文本"类型字段或字符串。例如：

"收件人地址："&[邮政编码] & [家庭地址]

或

"收件人地址："+[邮政编码] + [家庭地址]

2. 查询条件表达式的设置

设计查询时，如果需要查找满足一定条件的记录，需要在查询设计视图中的"条件"行输入查询的条件表达式。除了直接输入常量外，还可以使用关系运算符、逻辑运算符、特殊运算符，数学运算符和 Access 的内部函数等来构成表达式，部分运算符如表 4-1～表 4-3 所示。

表 4-1 关系运算符及含义

关系运算符	代表功能	可用类型/**常用类型**	范 例
=	等于	**短文本、数字**、日期、是否、长文本	=90
<>	不等于	同上	<>"教授"
<	小于	同上	<#1985-12-12#

续表

关系运算符	代表功能	可用类型/**常用类型**	范 例
<=	小于等于	同上	<=60
>	大于	同上	>60
>=	大于等于	同上	>=60

表 4-2　逻辑运算符及含义

逻辑运算符	代表功能	范 例
Not	逻辑非	Not "教授" 表示查询的条件是：职称除了教授以外的所有教师
And	逻辑与	<=85 And >=70 表示查询的条件是：考分在 70～85 之间
Or	逻辑或	"北京" Or "天津" 表示查询的条件是：籍贯是北京或天津

表 4-3　特殊运算符及含义

特殊运算符	代表功能	可用类型/**常用类型**	范 例
Between…And …	指定值的范围在…到…之间	**短文本**、**数字**、**日期**、是否、长文本	Between 70 and 85
In	指定值属于列表中列出的值	**短文本**、数字、日期、是否、长文本	In("教授","副教授") "职称" 为教授或副教授的
Like	用通配符查找文本型字段值是否与其匹配	**短文本**、长文本	Like "张*" 姓名是"张"开始的
Is Null	指定一个字段为空	**短文本**、**数字**、**日期**、**是否**、**长文本**	Is Null 查看空白数据
Is Not Null	指定一个字段为非空	**短文本**、**数字**、**日期**、**是否**、**长文本**	Is Not Null 查看非空白数据

 说 明

有关通配符的用法参见第 3 章 3.6.2 节的表 3-8。

3. 函数

在 Access 中，函数是被用来运行一些特殊的运算以便支持 Access 的标准命令。Access 包含许多种不同用途的函数来帮助读者完成种种工作。

每个函数语句包含一个名称，而紧接在名称之后包含一对小括号（如 Day()），大部分函数的小括号中需要填入一个或一个以上的参数。函数的参数也可以是一个表达式，例如，可以使用某一个函数的返回值作为另外一个函数的参数（如 Year(Date())）。

除了可以直接使用函数的返回值，还可以将函数的返回值用于后续计算或作为条件的比较对象，表 4-4 是一些常用函数。

表 4-4　常用函数

函 数	代 表 功 能
Count(表达式)	返回表达式中值的个数（即数据计数），通常以星号（＊）作为 Count()的参数。表达式可以是一个字段名，也可以是含有字段名的表达式，但所含的字段必须是数值类型的字段
Min(表达式)	返回表达式值中的最小值
Max(表达式)	返回表达式值中的最大值
Avg(表达式)	返回表达式中值的平均值

续表

函　　数	代 表 功 能
Sum(字符表达式)	返回字符表达式中值的总和
Day(日期)	返回值介于 1～31，代表所指定日期中的日子
Month(日期)	返回值介于 1～12，代表所指定日期中的月份
Year(日期)	返回值介于 100～9999，代表所指定日期中的年份
Weekday(日期)	返回值介于 1～7（1 代表星期天，7 代表星期六），代表所指定日期是星期几
Hour(日期/时间)	返回值介于 1～23，代表所指定日期时间中的小时部分
Date()	返回当前的系统日期
Time()	返回当前的系统时间
Now()	返回当前的系统日期时间
DateAdd()	以某一日期为准，向前或向后加减
DateDiff()	计算出两日期时间的间距
Len(字符表达式)	返回字符表达式的字符个数
IIf(判断式,为真的值,为假的值)	以判断式为准，在其值结果为真或假时，返回不同的值

表 4-4 仅仅列出一些最基本且常用的函数，Access 2016 的在线帮助已按类别顺序详细列出了它所提供的所有函数与说明，如图 4-35 所示，读者可以自行查阅。

图 4-35　Access 2016 在线帮助

4.3.5　查询中的关系

1. 建立查询中关系的方法

如果查询的数据源是两个或两个以上的表或查询，在查询设计视图中可以看到这些表或查询之间的关系连线，这说明在数据库中的表或查询之间已经通过相应的字段联接起来。一般来说，表之间的关系可通过两种方法创建：

（1）在数据库关系图中建立关系。在设计数据库的表时，在数据库关系图中建立关系，该关系会自动显示在查询中。

（2）启用自动联接功能。在查询使用多个数据表时，如果其中的两个数据表具有同名字段，且其中的一个表有主键时，Access 就会自动联接这两张表。该功能的设置方法是：单击"文件→选项"按钮，在弹出的对话框中选择"对象设计器"选项，选择"启用自动联接"复选框，如图 4-36 所示。

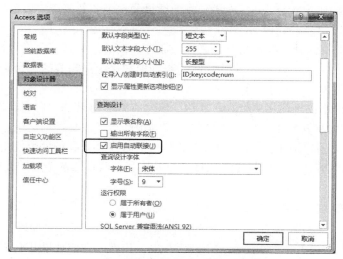

图 4-36 启用自动联接功能

但采用自动联接的结果不一定正确，如"ID"经常是作为一个表主键的字段名，而不同数据表的 ID，可能互不相关，即没有任何关系。故在启动自动联接时，仍需在查询设计窗口检查自动联接之后的关系是否正确，若不正确，必须先删除，然后重新建立关系。

2．联接类型对查询结果的影响

若在创建查询时，需要重新编辑表或查询之间的关系时，双击关系连线，弹出"联接属性"对话框，在该对话框中可以指定关系的联接类型，如图 4-37 所示。

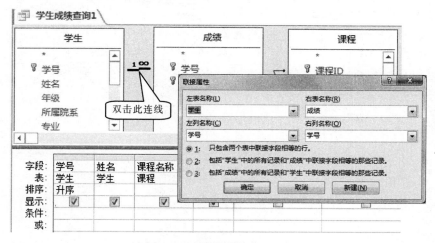

图 4-37 查询的联接类型

查询的联接类型可分为 3 种：

1）内部联接（或称为等值联接）

内部联接是系统默认的联接类型。具体的联接方式是：关系连线两端的表进行联接，两个表各取一条记录，在联接字段上进行字段值的联接匹配，若字段值相等，查询将合并这两个匹配的记录，从中选取需要的字段组成一条记录，显示在查询结果中。若字段值不匹配，则查询得不到结果。两个表的每条记录之间都要进行匹配，即一个表有 m 条记录，另一个表有 n 条记录，则两个表的联接匹配次数为 m×n 次。查询结果的记录条数等于字段值匹配相等记录数。

2）左联接

图 4-37 所示的第二种联接类型为左联接，联接查询的结果是"左表名称"文本框中的表/查询的所有记录与"右表名称"文本框中的表/查询中联接字段相等的记录。

3）右联接

图 4-37 所示的第三种联接类型为右联接，联接查询的结果是"右表名称"文本框中的表/查询的所有记录与"左表名称"文本框中的表/查询中联接字段相等的记录。

在 Access 中，查询所需的联接类型大多数是内部联接，只有极少数使用左联接和右联接，例如，查找不匹配项查询使用的就是左联接。左联接和右联接与两个表的先后次序有关，可以互相转化。

3．如何判断查询结果是否正确

从图 4-38 中，不难发现由于"学生"表没有建立与"成绩"表的联接关系，导致最后的查询结果明显不同，如图 4-39 所示。在图 4-39 中，正确的查询结果共有记录数为 1 484 条，而错误的查询结果共有记录数 710 836 条。

在"学生成绩查询 1"中用到了 3 个表，其中记录数最多的是"成绩"表，共有记录数 1 484 条，故此数据库的查询无论如何设计，其查询结果不应超过 1 484 条。

一般来说，查询使用的数据表越多，查询结果的记录数可能越少，因为交集会越来越小。反之，若查询结果的记录数比原始数据表的记录数还多，说明查询设计错误。

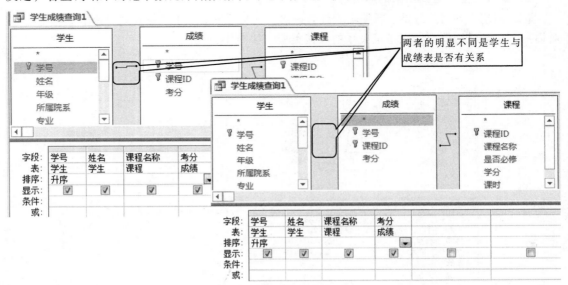

图 4-38　正确与错误的查询设计

查询结果明显不同

图 4-39　正确与错误的查询结果

4.4　查　询　实　例

4.4.1　选择查询

Access 查询设计视图默认的查询类型为选择查询。

1. 创建带条件的查询

在日常工作中，实际需要的查询并非只是简单的查询，往往带有一定的条件。例如，查找 2006 年出生的男学生。这种查询需要通过"设计视图"建立，在"设计视图"的"条件"行输入查询条件，这样 Access 在运行查询时，就会从指定的表或查询中筛选出符合条件的记录。

在查询设计视图中的每个字段内，都可以设置查询的条件（除了 OLE 对象），条件与条件间的关系可以是"与关系（And）"或者是"或关系（Or）"。

【例 4-8】查找 2006 年出生的 2 年级男学生，并显示"姓名""性别"和"生日"字段，命名为"2006 年出生的 2 年级男生查询"。

步骤 1：启动 Access 并打开"教学信息管理.accdb"数据库。

例 4-8

步骤 2：选择"创建→查询→查询设计"选项，弹出"显示表"对话框，双击"学生"，此时该表被添加到查询设计视图上半部分窗口中，单击"关闭"按钮。

步骤 3：查询结果中没有要求显示"年级"字段，但由于查询条件需要使用这个字段，因此，在确定查询所需的字段时必须选择该字段。分别双击"姓名""性别""年级"和"生日"字段，这时 4 个字段依次显示在"字段"行上的第 1 列到第 4 列中，同时"表"行显示出这些字段所在表的名称。

步骤 4：按照此例的查询要求，"年级"字段只作为查询的一个条件，并不要求显示，因此取消"年级"字段的显示。单击"年级"字段"显示"行上的复选框，这时复选框内变为空白。

步骤 5：在"性别"字段列的"条件"单元格中输入条件"男"，在"年级"字段列的"条件"单元格中输入条件"2"，在"生日"字段列的"条件"单元格中输入条件"Between #2006-01-01# and　#2006-12-31#"，设置结果如图 4-40 所示。

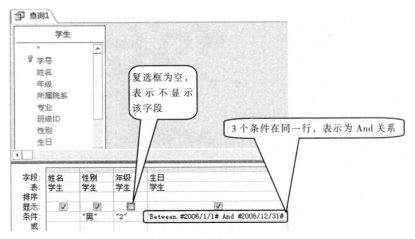

图 4-40　设置查询所涉及的字段及查询条件

也可以在"生日"字段列的"条件"单元格中输入条件：

"year([生日])"=2006

上面的 3 个条件是在"条件"行中的同一行输入的，表示这 3 个条件的关系是"与"的关系，若 3 个条件是"或"关系，需要写在不同的行。

步骤 6：单击"运行"按钮，切换到"数据表视图"，此时可看到查询执行的结果，如图 4-41 所示。

图 4-41　2006 年出生的 2 年级男生查询结果

（说明）

若要一次选择多个字段，可以在表或查询对象显示区的表或查询中单击第一个字段名，然后按住 Shift 键，并单击所要选择的最后一个字段，若为不连续的字段则按住 Ctrl 键的同时依次选择相应字段，最后将鼠标指针指向选中的区域将其拖动到查询设计区的字段空格处即可。

若要选择表或查询的所有字段，可以选择多字段的引用标记（即星号*）。

以下有关查询的一些例子，将不再详细列出步骤，仅说明使用了哪些数据表及字段。

【例 4-9】查找姓张或姓刘的教师的任课情况，命名为"张或刘老师任课信息查询"。

使用的数据表："教师"表、"排课"表及"课程"表。

使用的字段："教师.姓名""教师.性别""教师.职称""教师.专业""课程.课程名称"。

在"姓名"字段的"条件"行中输入""[张刘]*""，如图 4-42 所示。

例 4-9

在图 4-42 中，条件行内容为""[张刘]*""，表示"姓名"字段中，第一个字是"张"或"刘"的所有教师。查询结果如图 4-42 所示。

（说明）

查询输出的字段并不涉及"排课"表，为什么数据源要选择"排课"表？

图 4-42 中的"Like"是 Access 自动加入的运算符，只要条件所在字段是文本类型的，系统均会自动加入 Like。

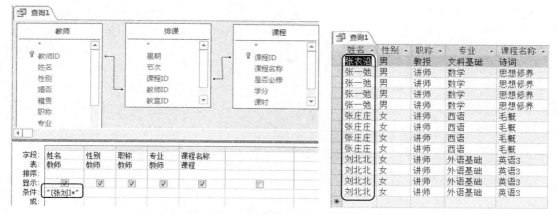

图 4-42 查看特定姓名的教师的查询条件及查询结果

【例 4-10】查看"职称"为教授或副教授或"简历"字段内容为空的教师的任课情况，查询的结果按"职称"字段升序排序，结果命名为"教授或副教授任课信息查询"。

使用的数据表："教师"表、"排课"表及"课程"表。

使用的字段："教师.姓名""教师.性别""教师.职称""教师.专业""课程.课程名称"及"教师.简历"

例 4-10

在"职称"字段的"条件"行中输入""教授" or "副教授""；在"简历"字段的"条件"行中输入"is null"；在"职称"字段的"排序"行中选择"升序"，如图 4-43 所示。

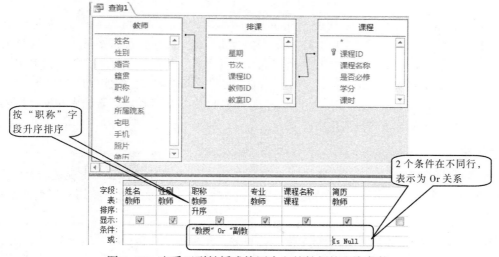

图 4-43 查看正副教授或简历为空的教师的查询条件

在图 4-43 中，"职称"字段的"条件"行中的内容为""教授" or "副教授""，表示查找职称为教授或副教授的教师；"简历"字段的"条件"行中的内容为"is null"，表示查找该字段的内容为空的记录，由于这两个条件的关系是 Or（并集），所以应将两个条件写在不同行。

在上面的几个例子中，条件表达式都是比较固定的，不具有灵活性，只能获得一种查询结果。如果能结合函数，可使查询更为灵活。

例 4-11

【例 4-11】查看本月生日的学生，查询结果按"生日"的降序排序，结果命名为"本月出生的学生查询"。

使用的数据表："学生"表。

使用的字段："姓名"及"生日"。

加入所需的字段"姓名""生日"及"生日"后，将第 3 列的"生日"字段改为"Month([生日])"，再在此列的"条件"行中输入"Month(Date())"，取消选择"显示"行中的复选框。

在第 2 列"生日"字段的"排序"行中选择"降序"，如图 4-44 所示。

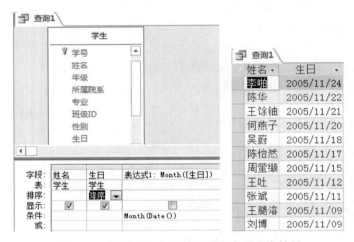

图 4-44　使用 Month 函数设置查询及查询结果

Month()函数的功能是返回月份，Month(Date())的功能是返回机器系统日期的月份，而"Month([生日])"则表示取得"生日"字段数据的月份。由于要统计的每个学生出生日期的月份数据在"学生"表中没有相应的字段，所以在"设计网格"的第三列添加了一个计算字段，该字段的名称是系统自动产生的，称为"表达式 1"，也可重新改名，它的值引自"Month([生日])"，用"Month([生日])"的值与"条件"行中的"Month(Date())"值作比较，若两者相同，即表示符合条件，查询结果如图 4-44 所示。

 说　明

例 4-11 的查询结果会因机器系统日期的不同而得到不同的结果，本例运行的结果是在 11 月份产生的，因此本月指的是 11 月份，如果 9 月份运行这个查询，得到的就是 9 月份出生的学生。

【例 4-12】查看"学生"表中每个学生的年龄，结果按"年龄"的升序排序，结果命名为"学生年龄查询"。

使用的数据表："学生"表。

例 4-12

使用的字段："姓名"及"生日"。

加入所需的字段"姓名""生日"后，在第 3 列"字段"单元格中输入："年龄: Year(date())–Year([生日])"。

在第 3 列字段的"排序"行中选择"升序"，如图 4-45 所示。

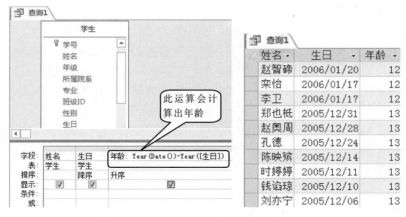

图 4-45 使用 Year( )及 Date( )函数设置查询及查询运行结果

在图 4-45 中，在第 3 列"字段"单元格中输入了"年龄：Year(date())-Year([生日])"，表示第 3 列的字段名为"年龄"（也可以取其他的名字，如岁数），该字段的数据来源是通过"Year(date())-Year([生日])"计算得到，也就是用目前年份"Year(date())"减去生日字段的年份（Year([生日])）得到"年龄"字段的数据，查询结果如图 4-45 所示。

【例 4-13】在"教师"表中，由"性别"字段的内容得到"称谓"字段，结果命名为"教师称谓查询"。

使用的数据表："教师"表。

使用的字段："姓名"及"性别"。

加入所需的字段"姓名""性别"后，在第 3 列"字段"单元格中输入："称谓：IIf([性别]="男","先生","小姐")"，如图 4-46 所示。

例 4-13

图 4-46 使用 IIf()函数设置查询及查询运行结果

在图 4-46 中，在第 3 列"字段"单元格中输入了"称谓：IIf([性别]="男","先生","小姐")"，表示第 3 列的字段名为"称谓"，该字段的数据来源是通过"IIf([性别]="男","先生","小姐")"计算得到，IIf() 函数有 3 个参数，分别是条件判断式、判断式为真时的返回值和判断式为假时的返回值，如果"性别"字段的内容为"男"，则返回"先生"，否则返回"小姐"。查询结果如图 4-46 所示。

本例经常应用于报表，或是邮寄标签，在收件人姓名后加上称呼，但称呼不会以字段保存在数据表中，而是由性别字段产生。

2．在查询中进行计算

前面建立了一些查询，但这些查询仅仅是为了获取符合条件的记录，并没有对符合条件的记录进行更深入的分析和利用。在实际应用中，常常需要对查询的结果进行计算。例如，求和、计数、求最大值、求平均值等。下面将介绍如何在建立查询的同时实现计算。

【例 4-14】统计各类职称的教师人数，结果命名为"教师职称统计查询"。

例 4-14

步骤 1：启动 Access 并打开"教学信息管理.accdb"数据库。

步骤 2：选择"创建→查询→查询设计"选项，弹出"显示表"对话框，双击"教师"表，此时该表被添加到查询设计视图上半部分窗口中，单击"关闭"按钮。

步骤 3：两次双击"教师"字段列表中的"职称"，将该字段连续添加到字段行的第 1 列和第 2 列。

步骤 4：选择"查询工具→设计→显示/隐藏→汇总"选项，此时 Access 在"设计网格"中插入一个"总计"行，并自动将"职称"字段的"总计"单元格设置成"Group By"。

步骤 5：由于要统计各类职称的教师人数，因此，在第 2 列"职称"字段的"总计"单元格中选择"计数"，该列用于统计各类职称的教师人数，结果如图 4-47 所示。

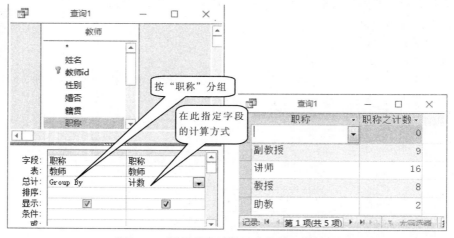

图 4-47　设置分组计数及查询的运行结果

步骤 6：单击"运行"按钮，或切换到数据表视图，此时可以看到查询的结果，如图 4-47 所示。

【例 4-15】统计 3 年级学生已修课程的总学分（只有课程的考分大于等于 60 分，才能取得该门课程的学分），结果命名为"3 年级学生已修课程学分总计"。

例 4-15

使用的数据表："学生""成绩"及"课程"表。

使用的字段："学生.学号""学生.姓名""学生.年级""课程.学分""成绩.考分"及"成绩.考分"。

选择"查询工具→设计→显示/隐藏→汇总"选项，此时 Access 在"设计网格"中插入一个"总计"行，并自动将上述 6 个字段的"总计"单元格设置成"Group By"。

在第 3 列"年级"的"条件"行中输入"3"，表示只统计 3 年级的学生，在第 5 列"考分"

的"条件"行中输入">=60"，表示只统计考分大于等于 60 分的课程学分，如果考分小于 60 分，视为没有取得学分。

将第 4 列"学分"字段的"总计"单元格改为"合计"，表示计算满足条件的每个学生取得学分的总计（即学分的总和），将第 5 列"考分"字段的"总计"单元格从"分组"改为"Where"，表示不会对每一个考分进行分组，而是把它作为一个条件，第 6 列"考分"字段的"总计"单元格改为"平均值"，表示计算每个学生所取得学分课程的平均分，如图 4-48 所示。

图 4-48　设置"总计"行、"条件"行及查询结果

在图 4-48 中，得到的每个学生考分之平均值字段的分数格式不整齐，可以重新设置格式。在第 6 列上右击，弹出快捷菜单，选择"属性"命令，在"属性表"窗口中，将"格式"设为"固定"格式，将"小数位数"设为 2，设置后的查询结果考分的平均分均保留 2 位小数。

4.4.2　参数查询

使用参数查询可以在同一查询中，根据输入的参数不同而得到不同的查询结果。参数查询的独特之处在于，运行参数查询时它们会提示用户输入所需的数据，如要查找人的姓名。参数查询的不同之处在于处理条件的方式：不是输入实际值数据，而是提示查询用户输入条件值。

参数设置的方法很简单，查询网格中输入提示文本，并用方括号"[ ]"将其括起来即可。运行查询时，该提示文本将显示出来。

【例 4-16】根据输入的优秀标准，统计每名学生优秀课程的门数，按优秀课程门数降序排序，查询结果命名为"多门优秀课程门数查询"。

例 4-16

步骤 1：启动 Access 并打开"教学信息管理.accdb"数据库。

步骤 2：选择"创建→查询→查询设计"选项，弹出"显示表"对话框，从"显示表"对话框中选择"表"选项卡，然后双击"学生"和"成绩"表，然后单击"关闭"按钮。

步骤 3：将查询所需的字段"学号""姓名""考分"和"学号"添加到查询设计网格中的"字段"单元格中。

步骤 4：在"考分"的"条件"中输入">=[优秀标准：]"。

步骤 5：选择"查询工具→设计→显示/隐藏→汇总"选项，此时 Access 在"设计网格"中插入一个"总计"行，并自动将各字段"总计"单元格设置成"Group By"。

步骤 6：将第 3 列"考分"字段的"总计"单元格改为"Where"。

步骤 7：将第 4 列"学号"字段的"总计"单元格改为"计数"，表示要统计考分达到优秀标准的课程门数，然后设置按该字段降序排序，如图 4-49 所示。

图 4-49　设置查询

步骤 8：单击"运行"按钮，或切换到数据表视图，弹出"输入参数值"对话框，输入 90，单击"确定"按钮，即可看到每位同学大于或等于 90 分的课程门数的查询结果，如图 4-50 所示。

图 4-50　输入参数值及参数查询的查询结果

（说　明）

以前在多个例子中使用过中括号，表示中括号里的字符为字段名，而本例中中括号中代表的是参数。Access 在查询中遇到中括号时，首先在各数据表中寻找中括号中的内容是否为字段名称，若不是，则认为是参数，显示对话框，要求输入参数。

所以中括号是参数表示法，如果中括号中的内容是字段名，Access 会自动使用字段数据进行查询，若不是字段名，则要求输入参数值。

4.4.3　交叉表查询

在前面介绍了使用向导创建对一个表或查询的交叉表查询，如果要从多个表或查询中创建交叉表查询，可以在查询设计视图中设计交叉表查询。

【例 4-17】创建交叉表查询，统计某个年级学生必修课的成绩，结果命名为"某年级学生必修课成绩查询。

步骤 1：启动 Access 并打开"教学信息管理.accdb"数据库。

步骤 2：选择"创建→查询→查询设计"选项，弹出"显示表"对话框，从"显示表"对话框中选择"表"选项卡，分别双击"学生""课程"及"成绩"3 张表，然后单击"关

例 4-17

闭"按钮。

步骤 3：选择"查询工具→查询类型→交叉表"选项，将选择查询改为交叉表查询。

步骤 4：在字段行添加所需的字段：学号、姓名、考分、课程名称、考分、年级和是否必修。

步骤 5：为每个字段设置"总计"和"交叉表"行，具体设置如图 4-51 所示。

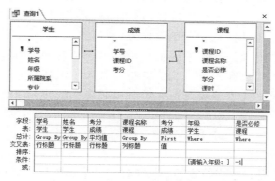

图 4-51　交叉表查询设置

步骤 6：为"年级"和"是否必修"字段设置条件行。在"年级"的条件单元格中输入"[请输入年级：]"，在"是否必修"字段的条件单元格中输入"-1"（"-1"代表必修，"0"代表选修）。

步骤 7：选择"查询工具→设计→显示/隐藏→参数"选项，弹出图 4-52 所示的"查询参数"对话框，在"参数"行中输入[请输入年级：]，再指定"短文本"为它的数据类型，单击"确定"按钮。

步骤 8：单击"运行"按钮，或切换到"数据表视图"，在"请输入年级："中输入 2，此时可看到 2 年级同学必修课的成绩，如图 4-52 所示。

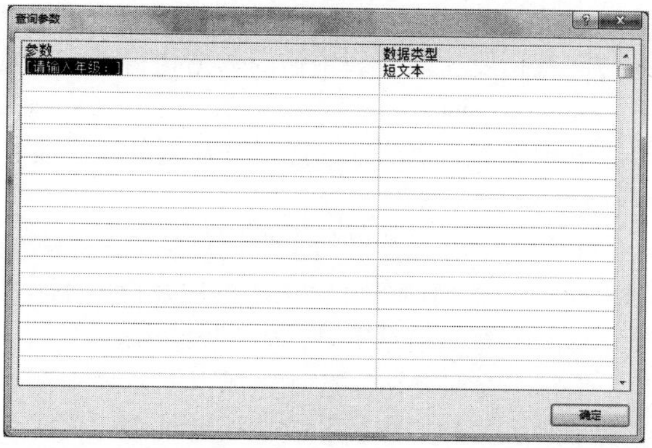

学号	姓名	考分之平均值	翻译学	高级编程	国经	计算机基础	离散	马列	体育	英语2
2022007	赵文摄	74.58	95			71	55.5	80	83	63
2022011	杨元有	71.90		55		58.5	73	86	87	
2022013	钱倬	72.58			63	67	70	88	86.5	61
2022014	周穆	78.40			67	69	76	89	91	
2022016	杨智	81.25		91	78	76	90	77.5		75
2022026	吴懒	79.13			90	91			76.5	59
2022028	郑级	76.30			79	82.5		62	79	79
2022039	李讵	76.33			87	55	78	88	76	74
2022041	王痈性	77.50			65.5	91	94	70	67	
2022043	杨苫	74.75			74			93	69	63
2022048	王遗	77.00				64	92	89	78	62
2022050	孙绫	80.50		81	66	92	72		87	85

图 4-52　设置参数及类型及查询运行结果

说 明

交叉表查询的设计重点：

（1）向导创建交叉表查询只可使用一个表或一个查询：如需使用的字段在多个表中，需要先将所需字段组合在一个查询内，再以此查询为数据源建立交叉表查询。

（2）一个列标题：只能是一个字段作为列标题。

（3）多个行标题：可以指定多个字段作为行标题。

（4）一个值：设置为"值"的字段是交叉表中行标题和列标题相交单元格内显示的内容，"值"的字段也只能有一个，且其类型通常为"数字"。

（5）在交叉表查询中使用参数查询，参数必须定义（见图 4-52）。

4.5　操　作　查　询

前面介绍的几种方法都是根据特定的查询条件，从数据源中产生符合条件的动态数据集，但是并没有改变表中原有的数据。

而使用操作查询可以通过查询的运行对数据做出变动，通常这样可以大批量地更改和移动数据。操作查询是建立在选择查询的基础上，对原有的数据进行批量更新、追加和删除，或者创建新的数据表。但操作查询的结果，不像选择查询那样运行就显示查询结果，而是运行后需要再打开目的表（即被更新、追加、删除或生成的表），才能了解操作查询的结果。

由于操作查询将改变数据表的内容，而且某些错误的动作查询操作可能会造成数据表中数据的丢失，因此用户在进行操作查询之前，应该先对数据库或表进行备份。

4.5.1　生成表查询

在 Access 中，从表中访问数据要比从查询中访问数据快得多，如果经常要从几个表中提取数据，最好的方法是使用"生成表查询"。

生成表查询就是利用一个或多个表中的全部或部分数据创建新表，这样可以对一些特定的数据进行备份。

【例 4-18】将三门以上（含三门）不及格的学生记录生成一个新表，新表的名称为"3 门及以上不及格学生"，查询命名为"生成 3 门及以上不及格查询"。

例 4-18

步骤 1：启动 Access 并打开"教学信息管理.accdb"数据库。

步骤 2：选择"创建→查询→查询设计"选项，弹出"显示表"对话框，选择"表"选项卡，分别双击"学生"和"成绩"表，然后单击"关闭"按钮。

步骤 3：双击"学生"表的"学号"和"姓名"字段，然后再两次双击"成绩"表的"考分"字段。

步骤 4：选择"查询工具→设计→查询类型→生成表"选项，弹出"生成表"对话框，在"表名称"文本框中输入"3 门及以上不及格学生"，然后选择"当前数据库"单选按钮，将新表放到当前的"教学信息管理"数据库中，最后单击"确定"按钮，如图 4-53 所示。

步骤 5：选择"查询工具→设计→显示/隐藏→汇总"选项，然后为每个字段设置"总计""排序"和"条件"行，具体设置如图 4-54 所示。

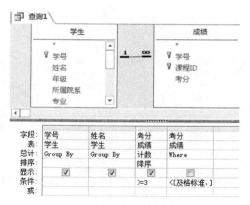

图 4-53 "生成表"对话框

图 4-54 生成表设置

步骤 6：单击"运行"按钮，弹出"输入参数值"对话框，"及格标准："文本框中输入"60"，单击"确定"按钮，屏幕显示一个提示框，如图 4-55 所示。

步骤 7：单击"是"按钮，Access 将开始建立"3 门及 3 门以上不及格学生"表。

步骤 8：打开"3 门及 3 门以上不及格学生"数据表，该表的内容如图 4-56 所示。

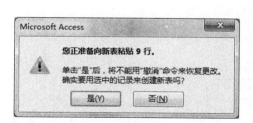

图 4-55 生成表提示框

图 4-56 生成的新表

使用生成表查询，可以将查询得到的记录生成一个新的数据表，数据表的名称如果跟现有的数据表同名，则会先删除原数据表，所以生成数据表查询只能建立新数据表，无法在现有数据表中增加记录。

图 4-54 查询共使用了 4 个字段，其中的第 4 列"考分"字段是作为条件判断的字段，查询结果中不显示该字段，故查询生成的数据表是 3 个字段，表中字段的数据来源于查询的结果。

4.5.2 追加查询

维护数据库时，常常需要将某个表中符合一定条件的记录添加到另一个表中，追加查询可以向一个表的尾部添加记录。

【例 4-19】创建一个追加查询将两门不及格的学生信息添加到"3 门及 3 门以上不及格学生"表中，查询命名为"追加 2 门不及格"。

步骤 1：在"设计视图"下新建一个查询，查询的设计窗口如图 4-57 所示。

步骤 2：选择"查询工具→设计→查询类型→追加"选项，弹出"追加"对话框，如图 4-58 所示。如果追加记录的表在同一数据库内，选择"当前数据库"单选按钮，否则选择"另一数据库"单选按钮。

例 4-19

图 4-57　查询的设计窗口　　　　　　　　　图 4-58　"追加"对话框

步骤 3：单击"表名称"文本框右端的下拉按钮，从下拉列表中选择"3 门及 3 门以上不及格学生"表，然后单击"确定"按钮。

步骤 4：在追加查询的设计窗口，Access 会自动显示各列的"追加到"，但只有同名的字段会自动显示，不同名的字段需要自己在列表中选取，如图 4-59 所示。

步骤 5：选择"查询工具→设计→结果→视图→数据表视图"选项，预览将要添加的记录。单击"运行"按钮，弹出"输入参数值"对话框，在"及格标准："文本框中输入"60"，单击"确定"按钮，屏幕显示一个提示框，如图 4-60 所示。

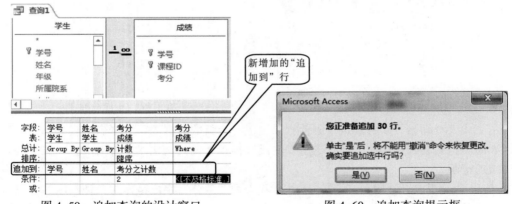

图 4-59　追加查询的设计窗口　　　　　　　图 4-60　追加查询提示框

步骤 6：单击"是"按钮，Access 将符合条件的 30 行记录追加到指定的表中，使用追加查询追加的记录，不能用"撤销"命令恢复所做的修改；单击"否"按钮，记录不追加到指定的表中。这里单击"是"按钮。

步骤 7：打开"3 门及 3 门以上不及格学生"表，可看到增加了 2 门不及格学生的情况。

4.5.3　更新查询

更新查询可以对一个或多个表中符合查询条件的数据做批量的更改。

【例 4-20】将西藏学生的所有考试的考分加上 2 分，查询命名为"更新西藏学生成绩"。

步骤 1：在"设计视图"下新建一个查询，查询的设计窗口如图 4-61 所示。

例 4-20

步骤 2：选择"查询工具→设计→查询类型→更新"选项，这时查询"设计网格"中显示一个"更新到"行。

步骤 3：在"考分"字段的"更新到"单元格中输入"[考分]+2"，如图 4-62 所示。

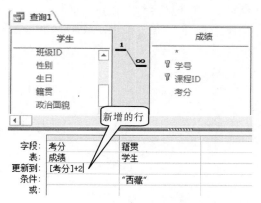

图 4-61　查询的设计窗口　　　　　　图 4-62　更新查询的设计窗口

步骤 4：选择"查询工具→设计→结果→视图→数据表视图"选项，可以预览更新后的记录，如果预览到的记录不是要更新的，可以再次返回到"设计视图"对查询进行修改，直到满意为止。

步骤 5：如果预览更新后的记录没有问题，单击"运行"按钮，屏幕显示一个提示框，如图 4-63 所示。

步骤 6：单击"是"按钮，Access 将更新满足条件的记录字段。

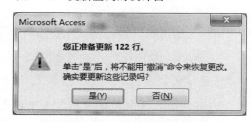

图 4-63　更新查询提示框

执行了上面的更新查询后，"籍贯"为西藏的学生每个人的考分加了 2 分。

4.5.4　删除查询

【例 4-21】将"成绩备份"表中考分低于 60 分的记录删除，查询命名为"删除 60 分以下"。

步骤 1：将"成绩"表复制一份，命名为"成绩备份"。

步骤 2：在设计视图下新建一个查询，添加将要被删除记录的"成绩备份"表。

例 4-21

步骤 3：选择"查询工具→设计→查询类型→删除"选项，这时查询"设计网格"中"显示"行变为"删除"行。

步骤 4：双击"成绩备份"字段列表中的"*"号，这时设计网格"字段"行的第一列上显示"成绩备份.*"，表示已将该表的所有字段放在了设计网格中，同时在字段"删除"单元格中显示"From"，它表示从何处删除记录。

步骤 5：双击字段列表中的"考分"字段，这时"成绩备份"表中的"考分"字段被放到了设计网格"字段"行的第 2 列，同时在该字段的"删除"单元格中显示"Where"，它表示要删除记录的条件。

步骤 6：在"考分"字段的"条件"单元格中输入条件"<60"，设置结果如图 4-64 所示（如果"条件"行为空，表示将删除所有记录）。

步骤 7：选择"查询工具→设计→结果→视图→数据表视图"选项，可以预览将要删除的记录，如果预览到的记录不是要删除的，可以再次返回"设计视图"，对查询进行修改，直到满意为止。

步骤 8：单击"运行"按钮，屏幕显示一个提示框，如图 4-65 所示。

步骤 9：单击"是"按钮，Access 将删除满足条件的记录，单击"否"按钮，不删除记录。这里单击"是"按钮。

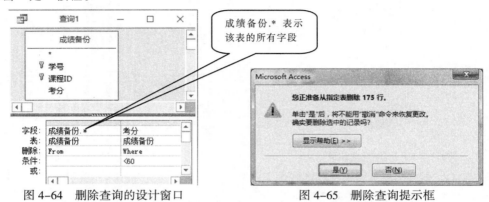

| 图 4-64　删除查询的设计窗口 | 图 4-65　删除查询提示框 |

步骤 10：再次打开"成绩备份"表，可以看到考分低于 60 分的记录已被删除。

> 删除查询将永久删除指定表中的记录，并且删除的记录不能用"撤销"命令恢复。因此，在执行删除查询的操作时要十分谨慎，最好对要删除记录的表进行备份，以防由于误操作而引起数据丢失。删除查询删除的是整个记录，而不是记录中的某些字段，如果只删除指定字段中的数据，可以使用更新查询将该值改为空值。

4.6　SQL 查询

SQL 查询是使用 SQL（Structured Query Language）结构化查询语言创建的一种查询，它是在 20 世纪 70 年代，随着关系数据库系统一并发展起来的。经过许多个人和公司的发展，SQL 在 20 世纪 80 年代成形，并成为关系型数据库的标准查询语言。

SQL 提供标准语法，各个数据库管理系统又在其上予以扩大发展，加上自己的新功能。Access 使用的 SQL 语言可以对数据库实施数据定义、数据操作等功能。了解和掌握 SQL 语句对使用好数据库是至关重要的。

就结构而言，SQL 语法可分为如表 4-5 所示的两类。

表 4-5　SQL 语法的两个分类

语言种类	操作符	说明
数据定义语言（DDL）	Create、Alter、Drop	管理数据库对象（数据表及字段）的语法
数据操作语言（DML）	Select、Insert、update、Delete	针对记录的选择、追加、删除、更新等语法

表 4-5 所示的两种类型是以目的而言的，是针对 SQL 语法的分类；若以实际角度而言，DDL 是数据库设计，DML 是打开数据表后的操作。

4.6.1　显示 SQL 语法

在 Access 中，所有的查询都可认为是一个 SQL 查询。在查询设计视图创建查询时，Access 便会自动撰写出相应的 SQL 代码。除了可以查看 SQL 代码，还可以对它进行编辑。

在前几节中，使用了查询设计视图或各种查询向导创建查询，实际上，也可以在 SQL 视图中直接输入 SQL 语句来完成查询。但是仅靠查询设计视图而不撰写 SQL 代码还是有局限性的，例如，像"联合查询""传递查询""数据定义查询"和"子查询"，只有撰写 SQL 代码才能实现。

若查看或编辑 SQL 代码，可选择"查询工具→设计→结果→视图→SQL 视图"选项，如图 4-66 所示，切换到"SQL 视图"，如图 4-67 所示。

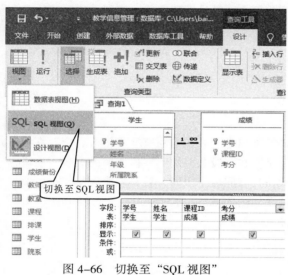

图 4-66　切换至"SQL 视图"　　　　　　　　图 4-67　查询的 SQL 视图

图 4-67 是查询的 SQL 视图，Access 在执行查询时，每一个查询都使用 SQL 语法转换引擎，将查询设计视图的内容转换成 SQL 语法，然后由 Access 的系统核心来执行完成。

4.6.2　SELECT 查询命令

数据库查询是数据库的核心操作，SQL 语言提供了 SELECT 语句进行数据查询，该语句功能很强，变化形式较多，本章将重点介绍这条命令。

SELECT 查询语句格式如下：

```
SELECT [DISTINCT] <列名>[,<列名>,...]        //查询结果的目标列
FROM  <表名>[,<表名>,...]                     //查询操作的关系表或查询名
[WHERE  <条件表达式>]                         //查询结果应满足选择或联接条件
[GROUP BY <列名>[,<列名>,...] [HAVING <条件>]  //对查询结果分组及分组的条件
[ORDER BY <列名>  [ASC|DESC]];                //对查询结果排序
```

其中"[ ]"中指的是可有可无的结构。

SELECT 语句的意义是：

（1）根据 FROM 子句中提供的表，按照 WHERE 子句中的条件（表间的联接条件和选择条件）表达式，从表中找出满足条件的记录。

（2）按照 SELECT 子句中给出的目标列，选出记录中的字段值，形成查询结果的数据表。目标列上可以是字段名、字段表达式，也可以是使用 SQL 聚合函数对字段值进行统计计算的值。

（3）在 SELECT 语句中若有 GROUP BY 子句将结果按给定的列名分组，分组的附加条件用 HAVING 短语给出。

（4）在 SELECT 语句中若有 ORDER BY 子句将结果按给定的列名升序或降序排序。

（5）SELECT 语句的功能很强。可以完成各种对数据的查询，可以通过 WHERE 子句的变化，以不同的语句形式，完成相同的查询任务。

（6）SELECT 还可以子查询形式嵌入到 SELECT 语句、INSERT（插入记录）语句、DELETE（删除记录）语句和 UPDATE（修改记录）语句中，作为这些语句操作的条件，构成嵌套查询或带有查询的更新（增、删、改）语句。

以下 SQL 语句将以"教学信息管理"数据库为例，同时尽量列出每一查询语法对应的查询设计视图。

1. 简单查询

【例 4-22】 检索全部学生的信息。

```
SELECT 学生 .*  FROM  学生
```

或

```
SELECT *  FROM  学生
```

例 4-22

以上两种语法功能相同，都是由"学生"表检索出学生表中的所有字段记录，"*"在此不是条件，而是代表所有字段。两个语法的区别是是否在字段名前加上字段所属的表名，前者语法较为正规，因为如果使用多个数据表为数据源，且有同名字段时，就必须明确指定字段所属的数据表的名称，第一种语法对应的查询设计视图如图 4-68 所示。

【例 4-23】 检索出学生的学号、姓名和性别。

```
SELECT 学号,姓名,性别  FROM  学生
```

或

```
SELECT 学生.学号，学生.姓名，学生.性别  FROM  学生
```

以上两种语法表示从学生表中检索出学生的"学号""姓名"和"性别"3 个字段，对应的查询设计视图如图 4-69 所示。

图 4-68 检索出所有字段

图 4-69 检索出部分字段

【例 4-24】 检索出课程表的"课程 ID"和"课程名称"字段，并为"课程名称"字段指定别名"课程全名"。

SELECT 课程 ID, 课程名称 AS 课程全名 FROM 课程

上述语句执行后，"课程名称"字段显示为"课程全名"，如图 4-70 为对应的查询设计视图。在该图中第 2 列的字段名使用了冒号（:），冒号左边为别名，即更改后的字段名，冒号右边为字段名或表达式。

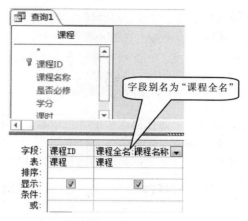

图 4-70　指定字段别名

【例 4-25】查找考分在 70～80 分之间的学生选课情况。

SELECT ＊ FROM 成绩 WHERE 考分 Between 70 And 80

【例 4-26】查找出所有姓李的学生的情况。

SELECT 学号,姓名 FROM 学生 WHERE 姓名 Like "李＊"

2．联接查询

一个查询同时涉及两个以上的表时，称其为联接查询。在联接查询时需使用 JOIN，JOIN 的联接方式有 INNER JOIN（内部联接）、LEFT JOIN（左联接）和 RIGHT JOIN（右联接），INNER JOIN 是最基本的联接方式，也是经常使用的一种联接方式。

【例 4-27】查找"职称"为教授或副教授或"简历"字段内容为空的教师的任课情况。

SELECT 姓名,职称,简历,课程 ID
FROM 教师 INNER JOIN 排课 ON 教师.教师 ID = 排课.教师 ID
WHERE 职称 In ("教授","副教授") or 教师.简历 Is Null

上述语句表示查询使用了"教师"和"排课"两个表，两个表联接使用的是 INNER JOIN，JOIN 的语法结构是：

数据表 1 INNER JOIN 数据表 2 ON 数据表 1.字段=数据表 2.字段

也就是 JOIN 前后为两个数据表的名称，其后再使用 ON，定义两个数据表的联接字段，因为两张表的联接字段是教师 ID，它分别属于两张表，所以必须在字段名称前加上表的名字（如 ON 教师.教师 ID = 排课.教师 ID），如果是 3 张以上的表，可以使用 JOIN 的嵌套结构。

WHERE 后面的两个条件之间的关系是 OR。

【例 4-28】查找日语一类课的任课教师信息。

SELECT 姓名,课程名称
FROM 课程 INNER JOIN (教师 INNER JOIN 排课 ON 教师.教师 ID=排课.教师 ID) ON 课程.课程 ID=排课.课程 ID
WHERE 课程.课程名称 Like "＊日语＊"

在上述语句中，由于使用了 3 张表，所以需要有两个 INNER JOIN，在使用多个 JOIN 时，必定先有一个 JOIN 在括号内，表示此两者先 JOIN 后，再以其结果与最后一个数据表建立联接。

上述 SQL 语句也可写成如下格式：

```
SELECT  姓名，课程名称
FROM 教师,排课,课程
WHERE 教师.教师ID=排课.教师ID and 排课.课程ID=课程.课程ID and课程.课程名称 Like
"*日语*"
```

比较上面两种格式的 SQL 语句，发现如果联接查询使用了 3 个表，第二种格式比较容易理解。

【例 4-29】 查找在"成绩"表中没有选课成绩的学生记录（即没有选课的学生）。

本例在 4.2.4 节中已经用"查找不匹配项查询向导"创建过该查询，现在用 SQL 语句来完成。

```
SELECT 学生.学号,年级,性别
FROM 学生 LEFT JOIN 成绩 ON 学生.学号=成绩.学号
WHERE 成绩.学号 Is NUll
```

上面语句的作用是查看没有选修任何课程的学生信息，以 LEFT JOIN 联接学生和成绩。

3. 使用 SQL 聚合函数的查询

在查询中使用聚合函数，可以对查询的结果进行统计计算。

常用的 5 个 SQL 聚合函数是：

平均值：AVG( )

总和：SUM( )

最小值：MIN( )

最大值：MAX( )

计数：COUNT( )

【例 4-30】 计算学号为 2021019 的学生的总分和平均分。

```
SELECT  SUM(考分) as 总分,AVG(考分) as 平均分
FROM 成绩
WHERE 学号=2021019
```

上述语句表示在"成绩"表中，计算出"学号"是 2021019 的学生的考分的"总和"和"平均分"。

【例 4-31】 求选修 3 门以上课程的学生的学号及选课门数，结果按选课门数升序排序。

```
SELECT 学号,COUNT(*) AS 选课门数
FROM 成绩
GROUP BY 学号 HAVING COUNT(*)>3
ORDER BY COUNT(*)
```

上述语句表示在成绩表中，按照学号分组（GROP BY 学号），统计选课数大于 3 门（HAVING COUNT(*)>3）学生的学号和选课门数，按照选课门数升序排序（ORDER BY COUNT(*)）。

 说 明

函数是系统提供的资源，Access 的函数可以分为两类，一类是以上说明的 SQL 聚合函数，二是 Access 本身提供的函数，如 Date( )、Now( )等，两者的差别是 SQL 聚合函数适用于支持所有 SQL 的数据库，但其他数据库不一定有 Date( )或 Now( )函数。

4.6.3　SQL 的数据定义语言

SQL 的数据定义语言由 CREATE、DROP 和 ALTER 命令组成，这 3 个命令关键字针对不同的数据库对象（如数据表、查询等）分别有 3 个命令。下面以数据表为例讲解这 3 个命令。

由于 SQL 的数据定义查询只能通过使用 SQL 的数据定义语句来创建，因此本节的 SQL 语

句没有对应的查询设计视图。

1. 创建表结构

语句格式为：

```
Create table 表名（列名 数据类型 [default 默认值] [not null]
              [,列名 数据类型 [default 默认值] [not null]]
              ...
              [,primary key（列名 [，列名] ...）]
              [,foreign key（列名 [，列名] ...）
              References 表名（列名 [，列名] ...）]
              [,checks（条件）]）
```

【例 4-32】使用命令建立"学生 1"表，其表结构及要求如表 4-6 所示。

表 4-6 "学生 1"表的结构及要求

字段名	字段类型	字段长度	小数位数	特殊要求	字段名	字段类型	字段长度	小数位数	特殊要求
学号	C	7		主键	是否党员	L			
姓名	C	8		不能为空值	入学年月	D			
性别	C	1			备注	M			
年龄	N	字节	无						

语句格式如下：

CREATE TABLE 学生 1（学号 TEXT（7）PRIMARY KEY,姓名 TEXT（8）NOT NULL,性别 TEXT（1）,年龄 Byte,是否党员 LOGICAL,入学年月 DATE,备注 MEMO ）

【例 4-33】使用命令建立"成绩 1"表，其表结构及要求如表 4-7 所示。

表 4-7 "成绩 1"表的结构及要求

字 段 名	字 段 类 型	字 段 长 度	小 数 位 数	特 殊 要 求
学号	C	7		外关键字，与学生表建立关系
课号	C	5		
期末	N	长整型		

语句格式如下：

CREATE TABLE 成绩 1（学号 TEXT（7）REFERENCES 学生 1,课号 TEXT（5）,期末 INTEGER）

2. 修改表结构

语句格式：

```
ALTER TABLE 表名
      [ADD 子句]        //增加列或完整性约束条件
      [DROP 子句]       //删除完整性约束条件
      [MODIFY 子句]     //修改列定义
```

【例 4-34】在"学生 1"表中增加一个"班级"字段，该字段为短文本，长度为 6。

ALTER TABLE 学生 1 ADD 班级 CHAR(6)

【例 4-35】删除"学生 1"表中的"班级"列。

ALTER TABLE 学生 1 DROP 班级

3. 删除基本表

语句格式：

DROP TABLE 表名

【例 4-36】删除"学生 1"表。

DROP TABLE 学生 1

4.6.4 SQL 的数据操作语言

数据操纵语言是完成数据操作的命令，它由 INSERT（插入）、DELETE（删除）、UPDATE（更新）和 SELECT（查询）等组成。查询也划归为数据操纵范畴，但由于它比较特殊，所以又以查询语言单独出现（SELECT 语句在 4.6.2 节已经介绍过）。

1. 插入记录

语句格式 1：

INSERT INTO <表名> [(<列名> [,<列名>...])]
VALUES(表达式 [,表达式...])

功能：在指定的表尾添加一条新记录，其值为 VALUES 后面表达式的值。

当需要插入表中所有字段的数据时，表名后面的字段名可以缺省，但插入数据的格式必须与表的结构完全吻合；若只需要插入表中某些字段的数据，就需要列出插入数据的字段名，当然相应表达式的数据位置应与之对应。

【例 4-37】向学生 1 表中添加记录。

INSERT INTO 学生 1 VALUES('9902101' , '李明' , '男' , 23 , -1, #2001/03/24#, '三好生')

2. 删除记录

语句格式：

DELETE FROM <表名> [WHERE <条件表达式>]

> **说明**
>
> 无 WHERE 子句时，表示删除表中的全部记录。

【例 4-38】删除"学生 1"表中所有男生的记录。

DELETE FROM 学生 1 WHERE 性别='男'

3. 更新记录

更新记录就是对存储在表中的记录进行修改。

语句格式：

语法：UPDATE <表名>

    SET <列名>=<表达式>|<子查询>

    [,<列名>=<表达式>|<子查询>...]

    [WHERE <条件表达式>]

功能：用指定的新值更新记录。

【例 4-39】将"成绩 1"表中所有男生的期末成绩初始化为 0。

UPDATE 成绩 1 SET 期末=0
WHERE 学号 IN(SELECT 学号 FROM 学生 1 WHERE 性别='男')

> **说明**
>
> 执行 SQL 的记录更新语句时要注意表之间关系的完整性约束，因为插入、删除和更新操作只能对一个表进行。例如，在"学生 1"表中删除了一条学生记录，但在"成绩 1"表中该学生的成绩记录并没有删除，这就破坏了数据之间的参照完整性。

在 Access 中建立表之间的关系时，可以选择"实施参照完整性""级联更新相关字段"和"级联删除相关记录"命令，设置后，再进行更新操作时，系统会自动维护参照完整性或给出相关提示信息。

4.6.5　SQL 特定查询语言

在 Access 中，将通过 SQL 语句才能实现的查询称为 SQL 特定查询，SQL 特定查询分为 4 类：联合查询、传递查询、数据定义查询和子查询。

由于数据定义查询已在 4.6.3 节中介绍过，在此不再赘述。

1.　联合查询

联合查询是将两个查询结果集合并在一起，对两个查询的要求是：查询结果的字段名类型相同，字段排列的顺序一致。

【例 4-40】查找选修课程 ID 为 1 或其他课程考分大于等于 90 分的学生的学号、课程 ID 和考分。

步骤 1：打开"教学信息管理.accdb"数据库。

步骤 2：在查询设计视图中右击，在弹出的快捷菜单中选择"SQL 特定查询→联合"命令，如图 4-71 所示。

图 4-71　选择"SQL 特定查询→联合"命令

步骤 3：在出现的空白的 SQL 视图中输入该查询的 SQL 语句，如图 4-72 所示。

步骤 4：单击"运行"按钮，切换到数据表视图，可以看到联合查询的执行结果，如图 4-73 所示。

```
select 学号,课程ID,考分  from 成绩  where 课程ID=1
union select 学号,课程ID,考分  from 成绩 where 考分>90
```

图 4-72　联合查询的 SQL 语句

学号	课程ID	考分
2021019	1	86
2021020	28	93
2021025	13	94
2021025	15	91
2021031	1	56
2021044	222	92
2021052	14	91
2021055	5	94

图 4-73　联合查询结果

2．传递查询

传递查询是将 SQL 命令直接送到 SQL 数据库服务器（如 SQL Server、Oracle 等）。这些数据库服务器通常被称为系统的后端，而 Access 作为前端或客户工具。传递的 SQL 命令要使用特殊的服务器要求的语法，可以参考相关的 SQL 数据库服务器文档，在这里不做介绍。

3．子查询

子查询是指在设计的一个查询中可以在查询的字段行或条件行的单元格中创建一条 SQL SELECT 语句。SELECT 子查询语句放在字段行单元格中创建一个新的字段；SELECT 子查询语句放在条件行单元格作为限制记录的条件。

【例 4-41】 查找考分高于平均分的学生的学号、姓名和课程名称。

步骤 1：新建一个查询，将"学生"表、"课程"表和"成绩"表添加到查询中。将字段"学号""姓名""课程名称"和"考分"添加到字段行相应的单元格中。

步骤 2：将鼠标指针指向"考分"字段的"条件"行单元格，右击，在弹出的快捷菜单中选择"显示比例"命令。

步骤 3：在"缩放"对话框中输入子查询语句：考分>(SELECT AVG(考分) FROM 成绩)。

子查询的目的是求出考分的平均分以作为比较的值，注意子查询语句应该用括号括起来，如图 4-74 所示。

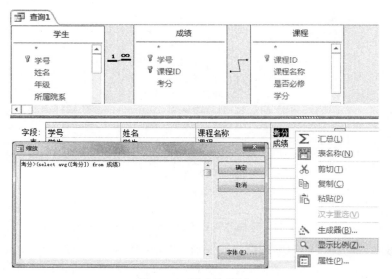

图 4-74　子查询设计

本 章 小 结

本章主要讲述：

（1）了解查询与数据表的关系。掌握 5 种不同类型的查询，即选择查询、参数查询、交叉表查询、操作查询和 SQL 查询。

（2）创建查询的 2 种方法：使用查询向导创建查询；使用设计视图创建查询。

（3）在查询设计视图中的操作，包括插入新字段、移出字段、添加表或查询、删除表或查询及查询结果的排序。

（4）选择查询中的基本查询、条件查询、计算字段查询、排序查询和汇总查询等常用查询功能的操作方法。

（5）参数查询中参数的设置与使用。

（6）交叉表查询的创建与使用。

（7）4 种操作查询，即生成表查询、追加查询、更新查询和删除查询的创建。

（8）SQL 查询与 SQL 语言简介。

习　　题

一、思考题

1. 查询的作用是什么？

2. 查询与数据表的关系是什么？

3. 查询有几种类型？

4. 试举例说明查询的 WHERE 条件中，BETWEEN…AND 与 IN 的区别。

5. 简述选择查询与操作查询的区别。

6. 汇总在查询中的意义是什么？

二、选择题

1. Access 查询的数据源可以来自（　　　）。

　A. 表　　　　　　　　B. 查询　　　　　　　C. 窗体　　　　　　　D. 表和查询

2. Access 数据库中的查询有很多种，其中最常用的查询是（　　　）。

　A. 选择查询　　　　　B. 交叉表查询　　　　C. 参数查询　　　　　D. SQL 查询

3. 查询"学生"表中"生日"在 6 月份的学生记录的条件是（　　　）。

　A. Date([生日])= "6"　　　　　　　　　　B. Month([生日])= "6"

　C. Mon ([生日])= "6"　　　　　　　　　　D. Month([生日])= "06"

4. 查询"学生"表中"姓名"不为空值的记录条件是（　　　）。

　A. *　　　　　B. Is Not Null　　　　C. ?　　　　　　　　　D. ""

5. 若统计"学生"表中 2006 年出生的学生人数，应在查询设计视图中，将"学号"字段"总计"单元格设置为（　　　）。

　A. Sum　　　　　　　B. Count　　　　　　C. Where　　　　　D. Total

6. 在查询的设计视图中，通过设置（　　　）行，可以让某个字段只用于设定条件，而不必出现在查询结果中。

　A. 字段　　　　　　　B. 排序　　　　　　　C. 准则　　　　　D. 显示

7. 下面关于使用"交叉表查询向导"创建交叉表的数据源的描述中正确的是（　　　）。

　A. 创建交叉表的数据源可以来自于多个表或查询

　B. 创建交叉表的数据源只能来自于一个表和一个查询

　C. 创建交叉表的数据源只能来自于一个表或一个查询

　D. 创建交叉表的数据源可以来自于多个表

8. 对于参数查询，"输入参数值"对话框的提示文本设置在设计视图的"设计网格"的（　　　）。

  A. "字段"行   B. "显示"行

  C. "文本提示"行   D. "条件"行

9. 如果用户希望根据某个或某些字段不同的值来查找记录，则最好使用的查询是（ ）。

  A. 选择查询   B. 交叉表查询 C. 参数查询   D. 操作查询

10. 如要从"成绩"表中删除"考分"低于 60 分的记录，应该使用的查询是（ ）。

  A. 参数查询   B. 操作查询   C. 选择查询   D. 交叉表查询

11. 操作查询可以用于（ ）。

  A. 更改已有表中的大量数据   B. 对一组记录进行计算并显示结果

  C. 从一个以上的表中查找记录   D. 以类似于电子表格的格式汇总大量数据

12. 如果想显示电话号码字段中 6 打头的所有记录（电话号码字段的数据类型为文本型），应在条件行输入（ ）。

  A. Like "6*" B. Like "6?" C. Like "6#" D. Like 6*

13. 如果想显示"姓名"字段中包含"李"字的所有记录，应在条件行输入（ ）。

  A. 李   B. Like 李   C. Like "李*" D. Like "*李*"

14. 从数据库中删除表所用的 SQL 语句为（ ）。

  A. DEL TABLE   B. DELETE TABLE

  C. DROP TABLE   D. DROP

三、填空题

1. Access 2016 中五种查询分别是_____、_____、_____、_____和_____。

2. 查询"教师"表中"职称"为教授或副教授的记录的条件为_____。

3. 使用查询设计视图中的_____行，可以对查询中全部记录或记录组计算一个或多个字段的统计值。

4. 在对"成绩"表的查询中，若设置显示的排序字段是"学号"和"课程 ID"，则查询结果先按_____排序、_____相同时再按_____排列。

5. 在查询中，写在"条件"栏同一行的条件之间是_____的逻辑关系，写在"条件"栏不同行的条件之间是_____的逻辑关系。

6. _____语言是关系型数据库的标准语言。

7. 写出下列函数名称：对字段内的值求和_____；字段内的值求最小值_____；某字段中非空值的个数_____。

8. 操作查询包括_____、_____、_____、_____。

四、上机实验

在"教学信息管理"数据库中，设计并实现以下查询：

1. 创建选择查询

（1）查找所有北京的记录，要求在查询结果中有"学号""姓名"和"籍贯"字段。

（2）查找北京学生的成绩记录，查询结果中有"学号""姓名""课程名称"和"考分"字段。

（3）查找学生姓名中有"三"字的学生记录，查询结果中有"学号"和"姓名"字段。

（4）查找家庭收入前 10 名的学生，查询结果中有"学号""姓名""性别""籍贯"和"家庭收入"字段。

（5）统计各班的平均分，查询结果中有"年级""班级 ID"和"平均分"字段。

（6）统计 90 分以上学生考试门数，查询结果中有"学号""姓名"和"高分门数"字段，结果按"高分门数"降序排序。

（7）统计各班每门课程的选修人数，查询结果中有"班级 ID""是否必修""课程名称"和"人数"字段。

（8）统计没有学生选修的课程，查询结果中有"课程 ID""课程名称""学分"和"人数"字段。

2．创建交叉表查询

（1）创建"交叉表个人成绩"查询，要求交叉表的行标题是"班级 ID""学号"和"姓名"，列标题是"课程名称"，行列交叉点（值）为考分。

（2）创建"交差表各班男女生平均分"查询，要求交叉表的行标题是"班级 ID"，列标题是"性别"，行列交叉点（值）为考分的平均分。

3．创建参数操作及操作查询

（1）将某地学生生成一张新表，表的名字叫"某地学生"，某地需要设置参数输入，设置如图 4-75 所示。

（2）将某地学生记录追加到"某地学生"表中，设置如图 4-76 所示。

（3）将"某地学生"表中的某地学生记录删除。

图 4-75　设置某地学生生成

图 4-76　设置追加查询

4．SQL 查询

（1）在 SQL 视图中创建"学生"表结构（该表结构与"学生"表结构完全一样）。

（2）在 SQL 视图中给"学生"添加一新字段"体重"。

（3）在 SQL 视图中删除"学生"表的字段"体重"。

第 5 章

窗 体

　　窗体是 Access 数据库的对象之一，是 Access 数据库最重要的交互界面。多样化的窗体主要用于显示、输入和编辑数据源中的数据；显示相关提示信息；还可以根据需求控制应用软件的流程。

　　窗体是 Access 数据库中最灵活的对象，要设计一个功能完整的窗体，过程会比较复杂。本章将主要介绍前者。可以使用这种绑定数据源的窗体控制对数据的访问权限，例如要显示哪些数据字段或数据行。例如，一张表中包含多个字段，但某些用户只需查看其中的某几个字段。如果向这些用户提供的窗体中只包含这几个字段，会更方便用户使用该数据库。还可以向窗体添加命令按钮和其他功能，以自动执行常用操作。

　　可以将这种窗体视作一个窗口，用户通过该窗口查看和访问数据库。有效的窗体可提升使用数据库的速度，因为用户不必搜索所需内容。美观的窗体让人在使用数据库时更愉快更高效，还可以防止输入错误数据。

5.1　窗体的基本类型

　　窗体多种多样，Access 2016 中主要有纵栏表窗体、表格窗体、数据表窗体、分割窗体和主/子窗体几种布局类型，各种窗体呈现数据的方式不同。

1．纵栏表窗体

　　纵栏表窗体是最为常见的窗体类型，如图 5-1 所示，最主要的特点是一次显示一条记录，各字段从上至下纵向排列。可以通过窗体底部的记录浏览按钮，对其他记录进行翻阅。

2．表格窗体

　　表格窗体是一种连续窗体，即一次显示多条记录信息，如图 5-2 所示。显示数据时，通常一条记录占用一整行，各字段从左到右横向排列，因此创建此种窗体的数据源不宜记录过长，否则操作数据时，常需要左右移动，不太方便。

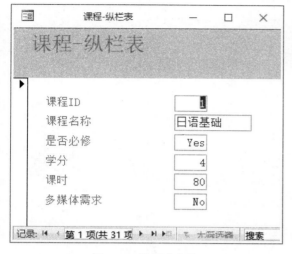

图 5-1　纵栏表窗体

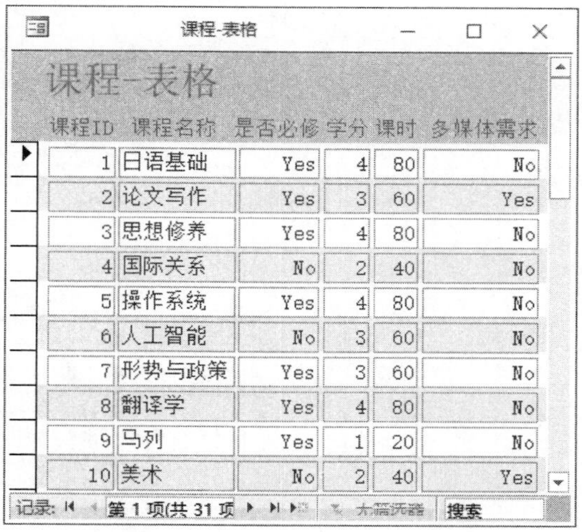

图 5-2　表格窗体

3．数据表窗体

此种类型的窗体在执行后，就如同打开数据表，数据集中显示，格式紧凑，不显示用户自定义的窗体页眉及窗体页脚，此类型窗体通常作为子窗体使用，如图 5-3 所示。

图 5-3　数据表窗体

4．分割窗体

如图 5-4 所示，分割窗体由上下两部分组成，上面是纵栏表窗体，下面是数据表窗体。两部分来自同一数据源，并且数据更新保持同步。分割窗体同时拥有两种窗体的优势，可以在数据表部分快速定位，然后在纵栏表部分充分展示记录和编辑数据。

5．主/子窗体

窗体中可以嵌套窗体，外层的称为主窗体，内层的称为子窗体。这种窗体主要显示来自多个数据源的数据，特别是一对多关系的数据。通常情况下，"一"方数据在主窗体，"多"方数据在子窗体。如图 5-5 所示，主窗体中是课程的基本数据，子窗体中是该课程的所有学生成绩。

图 5-4　分割窗体

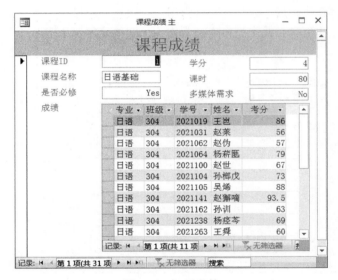

图 5-5　主/子窗体

说　明

　　分割窗体和主/子窗体不一样。分割窗体上下两部分是同一数据源的两种布局形式，在其中一个布局中选择或编辑某条记录的某一个字段，另一部分同步进行。

5.2　快速创建窗体

　　Access 2016 提供了各种创建窗体的方法，用户可以根据自己的习惯或需求快速创建窗体，或者自行精心规划窗体版面的设计。本节介绍几种非常便捷的方法，一键式生成或者以向导及其他方式创建窗体。

5.2.1　"一键式"自动创建窗体

【例 5-1】使用"窗体"按钮一键式自动创建图 5-6 所示的"课程-自动"窗体。

步骤 1：启动 Access 并打开"教学信息管理.accdb"数据库（注：以下例题都使用此数据库。）。

例 5-1

步骤 2：在窗口左侧的导航窗格中单击"表"对象，选择"课程"表，如图 5-7 所示。

步骤 3：选择"创建→窗体→窗体"选项，如图 5-8 所示，即可产生自动窗体（布局视图）。

步骤 4：单击"保存"按钮，弹出"另存为"对话框。

步骤 5：在"另存为"对话框中修改窗体名称为"课程-自动"，单击"确定"按钮保存，如图 5-9 所示。

生成图 5-6 所的"课程-自动"窗体。如果不修改窗体名称，则与数据表同名。

图 5-6　"课程-自动"窗体　　　　　　　图 5-7　选择"课程"表

图 5-8　选择"窗体"选项

图 5-9　"另存为"对话框

5.2.2　对象另存为窗体

可以通过"另存为"的方法，将现有的表或查询保存为窗体形式。

【例 5-2】将对象另存为窗体，创建图 5-12 所示的"课程-另存为"窗体。

步骤 1：打开"教学信息管理.accdb"数据库。

步骤 2：在窗口左侧的导航窗格中双击"课程"表，将其打开。

步骤 3：单击"文件→另存为"按钮，选择"对象另存为"选项，再在"保存当前数据库对象"中，确定"将对象另存为"（此为默认项），如图 5-10 所示。

例 5-2

步骤 4：单击"另存为"按钮，弹出"另存为"对话框，如图 5-11 所示。

步骤 5：在"另存为"对话框中，确定保存类型为"窗体"，输入新窗体名称为"课程-另存为"窗体，最后单击"确定"按钮，生成图 5-12 所示的窗体。

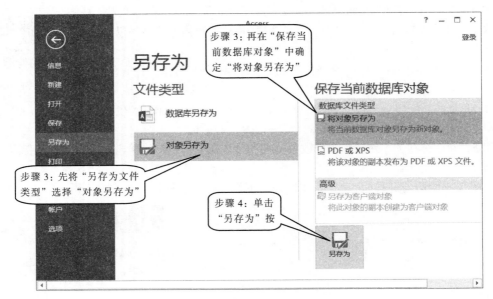

图 5-10 "另存为"窗口

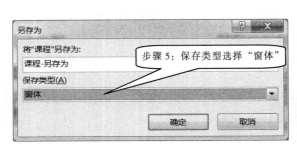

图 5-11 "另存为"对话框

图 5-12 "课程-另存为"窗体

 说 明

图 5-12 表示将指定的数据表或查询另存为其他对象。此例题创建的窗体与前例相同，但需要指定保存类型和名称。这是最常使用的建立窗体的快速方式，其特点是：

（1）此窗体忠实继承来自数据表的属性，如输入掩码、格式等，但也可以重新设置属性。

（2）此窗体显示数据表的所有字段。

（3）如果数据表已经和其他表有关联，则此窗体中会有子窗体显示。

5.2.3 创建"其他窗体"

"其他窗体"包括多个项目、数据表、分割窗体、模式对话框。下面以分割窗体为例介绍创建过程。

【例 5-3】创建图 5-13 所示的"必修课程"分割窗体。

步骤 1：打开"教学信息管理.accdb"数据库。

步骤 2：在窗口左侧的导航窗格中选择查询"必修课程"。

步骤 3：选择"创建→窗体→其他窗体→分割窗体"选项（见图 5-14），即可产生分割窗体。

例 5-3

步骤 4：单击"保存"按钮 ，弹出"另存为"对话框。

步骤 5：在"另存为"对话框中，直接单击"确定"按钮，即可创建一个与数据源同名的分割窗体。

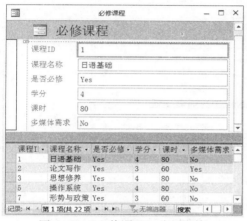

图 5-13　"必修课程"分割窗体

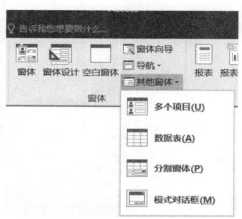

图 5-14　选择"分割窗体"选项

5.2.4　使用窗体向导创建窗体

使用"窗体向导"是一种常用和简单的创建窗体的方法，在窗体向导中用户可以灵活选择所需字段，而且这些字段可以来源于多个数据表或查询。

【例 5-4】使用"窗体向导"创建图 5-15 所示的"学生基本情况"纵栏表窗体。

步骤 1：打开"教学信息管理.accdb"数据库。

步骤 2：选择"创建→窗体→窗体向导"选项（见图 5-16），打开如图 5-17 的"窗体向导"对话框。

例 5-4

图 5-15　"学生基本情况"纵栏表窗体

图 5-16　选择"窗体向导"选项

步骤 3：在图 5-17 中先选择"表：学生"作为数据源，再从左侧的"可用字段"列表框双击选择需要的字段：学号、姓名、性别等，也可以单击 >> 按钮选择全部字段，至少需要选择一个字段，单击"下一步"按钮。

步骤 4：在图 5-18 中选择"纵栏表"单选按钮，然后单击"下一步"按钮。

步骤 5：为窗体指定标题"学生基本情况"，然后单击"完成"按钮。

以上是窗体向导的操作，完成创建后，可立即输入或编辑记录。若要关闭窗体，可单击窗体右上角的"关闭"按钮。

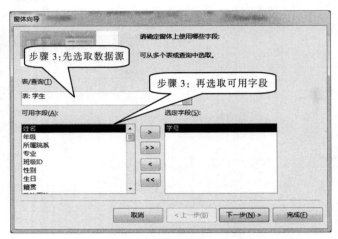

图 5-17 "窗体向导"对话框

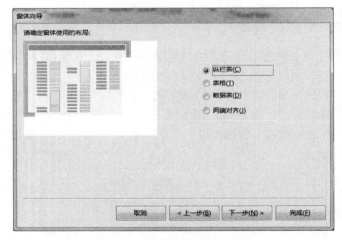

图 5-18 确定窗体控件的布局

说 明

在窗体向导中，需要先指定数据来源，它可以是数据表也可以是查询，指定来源后，才会在下面的列表框中显示可用的字段。

可用字段就是数据来源内的字段，这些字段可以来自同一数据源，也可以来自不同的表或查询，在例 5-4 中并没有使用所有字段，这就像以数据表为数据源建立查询一样，数据源中的字段不一定要全部放在窗体上。窗体向导比"一键式"自动创建窗体，在数据源的选择上更加灵活，更能适应用户的多种需求。

5.2.5　从"空白窗体"快速创建窗体

【例 5-5】使用"空白窗体"快速创建图 5-19 所示的"教师基本情况"窗体。

例 5-5

图 5-19　"教师基本情况"窗体

步骤 1：打开"教学信息管理.accdb"数据库。

步骤 2：选择"创建→窗体→空白窗体"选项，创建图 5-20 所示的空白窗体，默认名称为"窗体 1"，同时窗口右侧显示字段列表。

步骤 3：在"字段列表"窗格中单击"显示所有表"，将显示出所有数据表，如图 5-21 所示。

步骤 4：在图 5-21 中单击"教师"表名称左侧的展开按钮，将"教师"表的所有字段显示出来以备选择，如图 5-22 所示。

步骤 5：在"字段列表"窗格中先选择"教师 ID"，将其拖曳至空白窗体的合适位置，添加一个显示数据的文本框控件和一个捆绑的标签控件，如图 5-23 所示。这时"字段列表"窗格也发生了变化，分成上下两个部分，上面是"可用于此视图的字段"及"相关表中的字段"，下面是"其他表中可用的字段"。

图 5-20　空白窗体和"字段列表"窗格

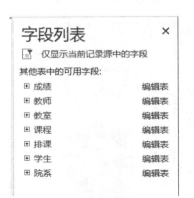

图 5-21 显示所有表

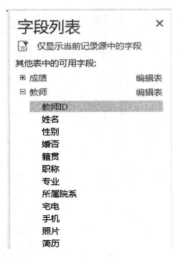

图 5-22 展开"教师"表

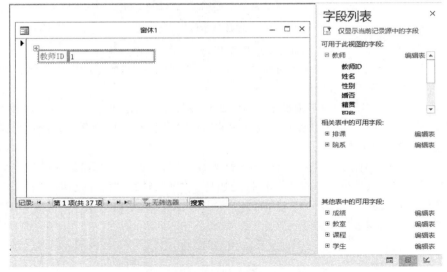

图 5-23 添加控件

步骤 6：在"字段列表"窗格中单击"姓名"，然后按住 Ctrl 键的同时单击"性别""简历"，将 3 个不连续字段同时选中，并拖曳至窗体中到"教师 ID"的下方，此时可以看到橘色的插入点标志，用于控件的对齐。如果单击一个字段，在按住 Shift 键的同时单击另一个字段，这样可以选取连续的多个字段。

步骤 7：在"字段列表"窗格中选中"职称""专业""手机"和"照片"，将 4 个字段拖曳至窗体中"教师 ID"的右侧，同样有橘色的插入点标志，方便用户对齐控件。可适当调整控件大小。

步骤 8：单击"保存"按钮 ，弹出"另存为"对话框。

步骤 9：在"另存为"对话框中输入窗体名称"教师基本情况"，单击"确定"按钮。

说 明

以上是通过空白窗体快速创建窗体的基本操作，有两个关键步骤，一是在字段列表中将数据源的字段完全显示；二是将选取的字段拖曳至窗体。

空白窗体在添加控件时为用户提供对齐控件的帮助，便于快速创建整齐的窗体。

此窗口功能相当多，进入此窗口的第一步是将字段置于窗体内，才能进一步设计，因为使用窗体的目的是输入及编辑记录，故需将字段由"字段列表"内取出放入窗体。

5.3 使用"设计视图"创建窗体

要在"设计视图"中设计窗体，就要了解窗体的视图和设计视图中窗体的结构组成。

5.3.1 窗体的视图

窗体的视图主要有窗体视图、布局视图和设计视图。在设计视图中创建和修改一个窗体；在窗体视图下运行窗体并显示结果。

1. 窗体视图

窗体视图就是窗体工作和运行时的视图。在这个视图下，可以查看、输入或编辑数据。但不能修改窗体的设计，如窗体布局、控件属性等。

2. 布局视图

在布局视图中修改窗体设计最为直观。因为在此视图中修改窗体时可以直接看到数据，对于设置控件的位置、大小非常方便。大部分外观属性都可以在这里修改。

3. 设计视图

顾名思义，就是用于窗体设计的视图。这里看不到数据，但是它提供了窗体结构的更多细节，可以看到主体、窗体页眉页脚等。通过"设计视图"可以添加更多类型的控件；在文本框中编辑控件来源；调整窗体部分的大小，以及某些在布局视图中无法完成的属性设置。

5.3.2 窗体的组成

1. 窗体的节

从设计视图的角度看，窗体中的信息分布在多个节中。所有窗体都有主体节，但窗体还可以包含窗体页眉、页面页眉、页面页脚和窗体页脚节。每个节都有特定的用途，并且在打印时按窗体中预览的顺序打印。

在窗体设计视图中，可使用 5 个节，默认只使用"主体"节。若需要使用其他节，在主体空白位置右击，在弹出的快捷菜单中（见图 5-24）选择"窗体页眉/页脚"或"页面页眉/页脚"命令即可，如图 5-25 所示。

1）窗体页眉

窗体页眉位于设计窗口的最上方，常用来显示徽标、窗体标题、列标题、日期时间或放置按钮等。在窗体视图中，窗体页眉始终显示相同内容，不随记录的变化而变化，打印时则只在首页顶部出现一次。

图 5-24　快捷菜单　　　　　　　　图 5-25　窗体的各节

2）页面页眉

页面页眉位于设计窗口中显示在窗体页眉的下方，常放置窗体标题、列标题、日期时间和页码等内容。打印时出现在首页窗体页眉之后，以及其他各页的顶部。它只出现在设计窗口及打印后，不会显示在窗体视图中，即窗体执行时不显示。

3）主体

主体是显示记录的区域，是每个窗体必备的节，所有相关记录显示的设置都在这一节，通常包括与数据源结合的各种控件。

4）页面页脚

页面页脚只有在设计窗口及打印后才会出现，并打印在每页的底部。通常用来显示日期及页码。

5）窗体页脚

窗体页脚位于窗体设计视图的最下方，与窗体页眉功能类似，也可放置汇总的数值数据。打印时在末页最后一个主体节之后。

每节都可以放置控件，但在窗体中，页面页眉和页面页脚使用较少，它们常出现在报表中。

2．窗体的控件

控件是窗体、报表的重要元素，凡是可在窗体、报表上选择的对象，都是控件，用于数据显示、操作执行和对象的装饰。控件种类不同，其功能也就不同，控件都可以在"窗体设计工具→设计→控件"选项组中选择，如图 5-26 所示。一个窗体可以没有数据来源，但一定有若干数量的控件才能执行窗体的功能。

控件有 3 种基本类型：

1）绑定型控件

与记录源字段结合在一起的控件就是绑定型控件。它可以显示记录源中的数据，也可以把修改后的数据更新到相应的数据表中。大多数允许编辑的控件都是绑定型控件，可以和控件绑定的字段类型包括短文本、长文本、数字、日期/时间、货币、是/否、OLE 对象等。

2）非绑定型控件

控件与记录源无关。当给控件输入数据时，窗体可以保留数据，但不会更新到数据表。非绑定型控件常用于显示文本信息、线条、矩形和图片等。

3）计算型控件

计算型控件以表达式为数据源，而不是数据表或查询的字段。表达式可以含有窗体和报表中记录源的字段，也可以使用窗体和报表中其他控件中的数据，但其计算结果只能为单个值。此类控件不会更新数据表中的字段。

图 5-26　"控件"选项组

表 5-1 列出了一些常用的控件。窗体和报表还有一些附加控件，包括直线、矩形、图像、图表、绑定对象框、未绑定对象框、超链接、附件等。

表 5-1　窗体中的常用控件

控 件 名 称	描　　　述
⎡ab⎤ 文本框	显示、输入和编辑数据，适用范围最大的控件，可以是绑定的、非绑定或计算控件。只能输入数据，不能选择数据
𝐴𝑎 标签	显示说明性文本，标题、简单提示信息等，可以单独存在，也可以附加到另一个控件上
⎡xxxx⎤ 按钮	用来启动一项操作或一组操作，如打开关闭表或窗体，运行查询等，常通过运行宏、事件过程、VBA 模块等控制程序流程
列表框	由多个数据行组成，用户只能从列表中选择提供的标准数据，不能输入数据，这样可以提高输入数据的效率和准确性，以文本和日期/时间型数据较为常用
组合框	是文本框和列表框的组合，可以有一个或多个数据列，鼠标选取、键盘输入均可
XYZ 选项组	用来显示一组限制性的选项值，由一个组框和一组切换按钮或单选按钮或复选框组成
切换按钮	用于数据切换，常接收用户选择，并执行相应操作
✓ 复选框	多为绑定型控件，用于数据源中"是/否"型数据的显示和编辑
◉ 单选按钮	排他性的选择按钮
选项卡	主要用于一个窗体中展现多页分类信息，只需单击选项卡即可在各页面进行切换
子窗体/子报表	用于在现有窗体或报表中嵌入有链接关系的窗体或报表。多为一对多关系中的"多"方数据
ActiveX 控件	用于直接向窗体中添加由 Windows 系统提供的一些控件或组件，如日历等

 说　明

文本框是使用率最高的控件，我们由字段列表以鼠标拖出字段后，若该字段在数据表未使用查阅向导，就会默认显示为文本框的形式。

表 5-1 的多种控件类型中，文本框适用范围最大，适用于短文本、长文本、数字、日期/时间、超链接、自动编号、货币等字段类型，操作只可用户输入；列表框、复选框、单选按钮、切换按钮等皆只可选择；可兼用输入及选择操作的是组合框。

直线、矩形、图像等用于装饰窗体外观。

5.3.3 在"设计视图"中创建基本窗体

创建窗体的方式有很多,但要修改窗体,只能在设计视图中进行。设计视图中,有多个工具帮我们实现对窗体的各种设计,这些工具包括字段列表、控件选项组、属性表等。

1. 字段列表

【例 5-6】使用"字段列表"窗格将例 5-4"学生基本情况"窗体修改为如图 5-27 所示的效果。

例 5-6

步骤 1:打开"教学信息管理.accdb"数据库。

步骤 2:在导航窗格中将鼠标指针指向要修改的对象"学生基本情况"窗体,右击,弹出快捷菜单,如图 5-28 所示。

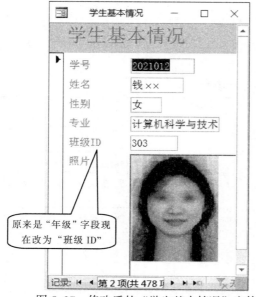

图 5-27 修改后的"学生基本情况"窗体

图 5-28 快捷菜单

步骤 3:在快捷菜单中选择"设计视图"命令,在窗体设计视图中打开"学生基本情况",如图 5-29 所示。同时增加了"窗体设计工具"选项卡。

步骤 4:在主体节中,单击"年级"文本框控件,文本框边框变为橘色,并带 8 个控点(左上角的控点最大,而且为灰色,其余 7 个控点为橘色),表明文本框被选中(请仔细观察一下,此时"年级"文本框左侧的标签,它的左上角也有一个灰色的控点),然后按 Delete 键删除控件("年级"文本框和它左侧的标签都被删除)。

步骤 5:在"字段列表"中选取"班级 ID"字段,再将此字段拖动至原来的"年级"文本框控件所在的位置。

步骤 6:单击"保存"按钮 🖫 ,将修改的设计进行保存。

步骤 7:选择"窗体设计工具→设计→视图→窗体视图"选项,切换到"学生基本情况"窗体视图,如图 5-27 所示。

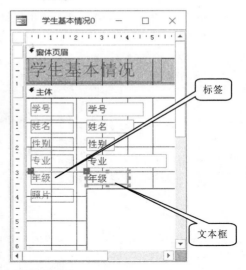

图 5-29 "学生基本情况"窗体设计视图

说 明

可以从"字段列表"窗格中直接将选择的字段用鼠标拖曳至"设计视图"中，为窗体添加新控件。可以逐一添加，也可以同时选择多个字段一次性添加。从字段列表中添加的控件为绑定型控件，与记录源字段同名，不能随意改变，否则将失去绑定。这个控件会默认捆绑一个标签控件，放在其左侧，如果不需要可以选中删除。这个标签的名字如"Label_0"，前面的"Label_"表明控件类型，后面的数字跟添加的顺序有关，后添加的数字大。若该字段在数据表中未使用查阅向导，就会默认显示为文本框的形式；若已经使用查阅向导，则自动添加组合框控件。

若要删除控件，只需要选取控件后，按 Delete 键。如果没有显示字段列表，可以选择"窗体设计工具→设计→工具→添加现有字段"选项，如图 5-30 所示。

图 5-30 选择"添加现有字段"选项

2. "控件"选项组

"控件"选项组（见图 5-26）中包括了所有的控件类型，可以直接拖曳至窗体的各节，添加不同功能的新控件。

【例 5-7】使用"控件"选项组为例 5-5"教师基本情况"窗体添加标题和填表日期，如图 5-31 所示。

步骤 1：打开"教学信息管理.accdb"数据库。

步骤 2：以设计视图方式打开"教师基本情况"窗体。

例 5-7

步骤 3：在主体节中右击，弹出快捷菜单，在其中选择"窗体页眉/页脚"命令，设计窗口如图 5-32 所示。

图 5-31　添加标题和填表日期后的"教师基本情况"窗体

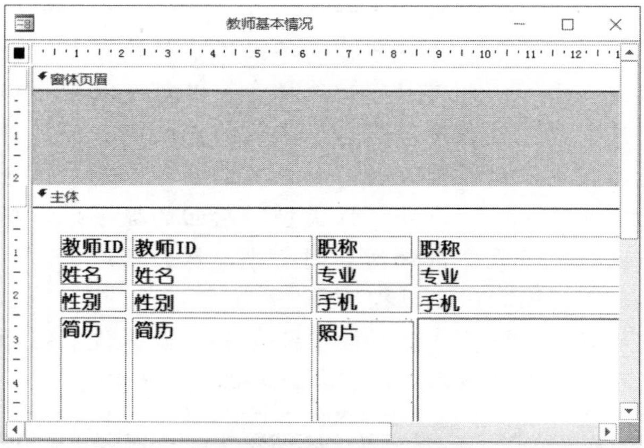

图 5-32　添加窗体页眉/页脚

步骤 4：选择"控件"选项组中的标签控件 **Aa**，此时鼠标指针为+A，将鼠标指针移至窗体页眉内，按下鼠标左键拖动，在合适位置形成相应大小的空白标签控件，在光标处输入"教师资料补充"，设计窗口如图 5-33 所示。

步骤 5：通过"开始→文本格式"选项组将新添加的标签控件设为"华文楷体"、24 号。

步骤 6：选择"控件"选项组中的文本框控件 **abl**，将鼠标指针移至窗体页眉内，按下鼠标左键拖动，在合适位置形成相应大小的空白文本框及捆绑标签控件，如图 5-34 所示。

步骤 7：单击文本框，在光标处输入"=DATE()"，双击其捆绑标签，将原有内容删除，并输入"填表日期:"。前者指定了文本框的控件来源，是一个表达式；后者修改了标签控件标题（即标签上显示的内容），如图 5-35 所示。

步骤 8：保存修改的设计，再切换至"窗体视图"，"教师基本情况表"窗体如图 5-31 所示。

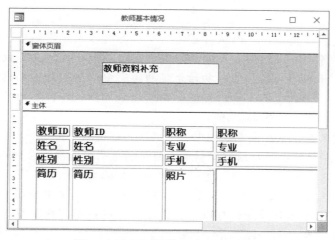

图 5-33　在窗体页眉添加标签控件

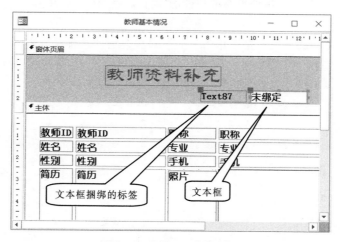

图 5-34　添加文本框控件

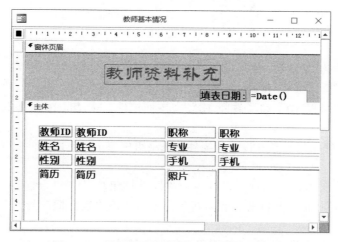

图 5-35　设置文本框控件来源和标签的标题

说明

　　标签的目的是显示文本，所以执行窗体时，标签内容不允许编辑。此例题窗体页眉中的新添加标题标签与从字段列表添加的控件不同，不是字段，没有数据来源，是典型的非绑定型控件。单独添加的标签，初始无标题为空白。如果是文本框或组合框等控件的捆绑标签，上面显示的文本（初始标题）不是这个标签控件自己的名称，而是文本框或组合框的名称。初学者很容易混淆。

　　文本框如果是来自于数据表或查询中的字段，它就是绑定型控件，而且与字段同名。它既可以显示字段的值，也可以通过编辑文本框中的值来更新数据表中的字段。如此例题主体节中的姓名、职称等文本框。而此例题窗体页眉处的文本框则不同，它不是来自字段，它显示的是一个表达式的计算结果，属于计算型控件，它不能更新数据表中的字段。

　　设计视图中显示窗体页眉后，可以根据需要用鼠标拖动窗体页眉与主体的交界线，来调整窗体页眉的高度。

【例 5-8】利用控件向导制作带组合框控件的"排课"窗体，如图 5-36 所示。

　　步骤 1：打开"教学信息管理.accdb"数据库。

　　步骤 2：在窗口左侧的导航窗格中单击"表"对象，选择"排课"表。

　　步骤 3：选择"创建 → 窗体 → 窗体"选项，即可产生"排课"自动窗体（布局视图），其中"课程 ID""教师 ID"为文本框控件，如图 5-37 所示。

例 5-8

图 5-36　带组合框的"排课"窗体

图 5-37　"排课"自动窗体

　　步骤 4：选中"课程 ID"和"教师 ID"文本框控件，按 Delete 键将其删除，如图 5-38 所示。

　　步骤 5：在"窗体布局工具→设计→控件"选项组中单击"使用控件向导"（变为橘色表明已经启动控件向导），如图 5-39 所示。

　　步骤 6：单击"窗体布局工具→设计→控件"选项组中的"组合框控件"按钮，然后在窗体的"节次"文本框下方单击，添加新组合框，弹出"组合框向导"对话框，如图 5-40 所示。

　　步骤 7：在对话框中首先选择"使用组合框获取其他表或查询中的值"单选按钮，确定组合框获取数值的方式，如图 5-40 所示，单击"下一步"按钮。

图 5-38　删除文本框控件之后

图 5-39　单击"使用控件向导"按钮

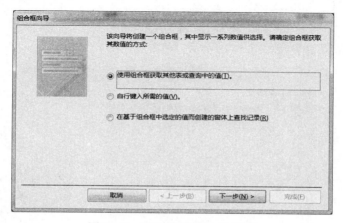

图 5-40　"组合框向导"对话框

步骤 8：在图 5-41 中选取"表：课程"，确定为组合框提供数值的表或查询，单击"下一步"按钮。

图 5-41　确定数据来源

步骤 9：在图 5-42 分别双击"课程 ID"和"课程名称"字段，将其添加到右侧的"选定字段"列表中，然后单击"下一步"按钮。指定按"课程名称"字段升序排序后，单击"下一步"按钮。

图 5-42　确定使用字段

步骤 10：保持默认设置，如图 5-43 所示，单击"下一步"按钮。

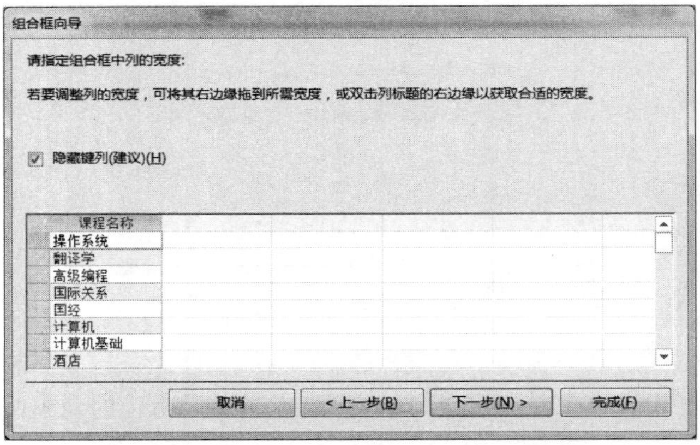

图 5-43　隐藏主键字段

步骤 11：在图 5-44 选择"将该数值保存在这个字段中"单选按钮，在其下拉列表中选择"课程 ID"，完成后单击"下一步"按钮。

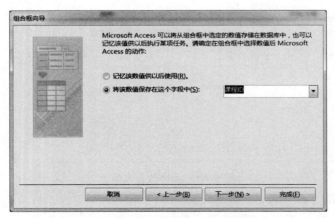

图 5-44　确定保存字段

步骤 12：在图 5-45 中，将组合框标签指定为"课程"，最后单击"完成"按钮。

完成后的组合框会显示"课程"数据表的"课程名称"字段，同时会将选择的结果回存至窗体数据来源的"课程 ID"字段。

图 5-45　确定组合框标签

步骤 13：重复步骤 5～12，添加组合框"教师 ID"，标签指定为"教师"。

步骤 14：保存窗体为"排课"，切换到窗体视图，如图 5-36 所示。

说　明

说明：在控件向导中，首先必须先选择为组合框提供数据的表或查询，即图 5-41；再设置提供组合框数值的具体字段，即图 5-42。图 5-43 中的隐藏的字段，是为组合框提供数据的表"课程"的主键"课程 ID"。如果此字段不是主键则不能隐藏。"课程 ID"比较抽象，所以显示相应的"课程名称"，而真正保存的是被隐藏的"课程 ID"，将其保存到图 5-44 指定的"课程 ID"字段。

如果数据来源中字段的类型是"查阅向导"时，建立窗体时，该字段会自动成为组合框类型。

3．属性表

窗体以及窗体中的控件都具有相关属性集，包括"格式""数据""事件""其他"。我们可以通过对属性的设置和修改达到对窗体进行设计的目的。在窗体设计视图下，选择"窗体设计工具→设计→工具→属性表"选项（见图 5-46），在窗口右侧将显示如图 5-47 所示的"属性表"窗格。

图 5-46　选择"属性表"选项

图 5-47　"属性表"窗格

无论窗体、窗体的各节、不同的控件都有其专有的属性集，其中"数据""事件"最为重要。

通过"数据"选项卡可以确定数据的来源和显示方式。可以使数据在窗体上更新的同时，其结果也保存到记录源指定的数据表中。不过这是有一定限制的，不是所有的窗体数据都被保存到数据表。本章的 5.4 节会介绍相关属性的使用。

窗体不仅用于提供一个方便的浏览和修改数据的应用接口，还可以为数据库程序开发人员提供一个可视化的编程空间，从而顺利地满足用户的需求，达到数据库软件开发的目的。

窗体中控件的属性中含有各种相关的"事件"属性，通过对事件过程的编写可使窗体在发生相应事件时采取一定的动作，真正地实现与用户交互，并根据用户的实际需要完成任务。

在为窗体设计了各种符合需求的控件后，再辅以各种事件过程代码的编写，就能通过窗体准确、灵活地实现各种功能。本章介绍如何使用命令按钮向导实现部分"事件"，更多的"事件"涉及宏和 VBA 模块，在后面相应章节有深入的介绍。

5.3.4 "设计视图"窗口中控件的基本操作

前面已经介绍了窗体中控件的添加、删除，除此之外对于窗体上存在的控件，其大小、排列也很重要，这决定了一个窗体的外观。以下说明控件的基本处理，包括选取、改变大小及左右对齐等设置。

1. 选取

对于任何对象的处理，都要先确认处理对象，即选取。在窗体设计窗口选取控件，只需在控件上单击，控件四周显示橘色边框和 8 个控点（如果控件在布局内，则只有两个控点），就表示该控件已被选取，如图 5-48 表示已选取"教师 ID"文本框。其中左上角的控点为灰色稍大，其余 7 个为橘色稍小。

但图 5-48 有些特殊，选取的控件为文本框，同时此文本框左边相应的标签控件的左上角也有一个控点，这是因为文本框实际上由两部分组成，除其本身外，还包括左边的标签，这是文本框的特性。这两个部分可以同时操作，也可以单独操作。

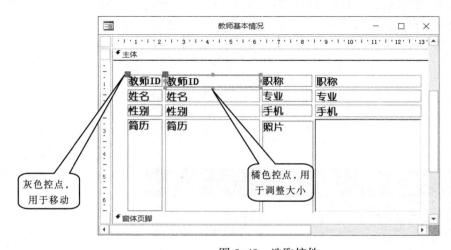

图 5-48　选取控件

Access 2016 提供了选择多个控件的多种方式：

（1）选择"窗体设计工具→格式→所选内容"选项组中的"全选"选项或按 Ctrl+A 组合键，将选取包括窗体页眉、窗体页脚在内的窗体上的所有控件。

（2）使用鼠标在设计窗口内拖出一个矩形，可选择矩形内所有的控件，如图 5-49 所示。

图 5-49　拖动鼠标选择控件

（3）使用鼠标在标尺上拖动，形成黑色区域，此区域延伸到设计窗口对边，其中经过的所有控件会被选取，如图 5-50 所示。

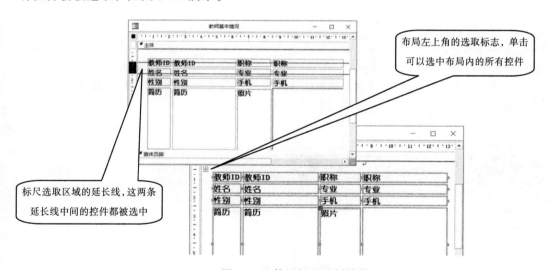

图 5-50　使用标尺选择控件

（4）单击布局左上角的选取标志⊞，即可选取布局内的所有控件（这个操作类似整张表格的选取）。

（5）选中一个控件，按住 Shift 键的同时再单击另外一个控件，这样可以选取连续的多个控件。

（6）选中一个控件，按住 Ctrl 键的同时再单击其他控件，这样可以选取不连续的多个控件。

2．移动

移动控件位置可以参照标尺和网格。

（1）使用鼠标直接拖动已经选取的控件至目标位置即可。

 说 明

　　若选取了多个控件，则一定要注意鼠标移动指针 ⊕ 的位置。当 ⊕ 在某个被选中控件左上角的灰色控点上，此时拖动只移动这个控件自身；如果 ⊕ 出现在任一个被选中控件的橘色边框上（除去控点的位置），此时拖动可同时移动选中的所有控件及其捆绑的控件（此捆绑控件多为标签），详细说明如图 5-51 所示。

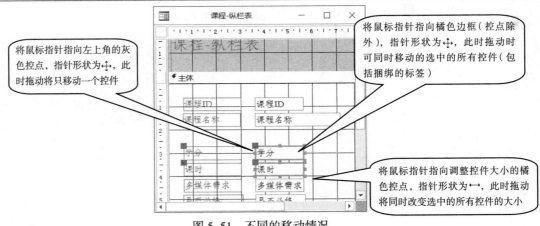

图 5-51　不同的移动情况

　　（2）选取控件后，按 4 个方向的光标键 ↑、↓、←、→，即可移动；先按住 Ctrl 键，再按光标键，则可微调。

　　（3）选择"窗体设计工具→排列→调整大小和排序→对齐"选项，如图 5-52 所示，选择所需的项目，帮助用户快速的移动控件，形成整齐的布局。

图 5-52　选择"对齐"选项

　　（4）选择"窗体设计工具→排列→调整大小和排序→大小/空格"选项，如图 5-53 所示，在"间距"组中选择所需的项目，帮助用户快速的均匀分布控件，形成整齐的布局。

3. 调整多个控件的大小

【例 5-9】使用"窗体设计工具"选项卡调整控件大小。

步骤 1：打开"教学信息管理.accdb"数据库。

例 5-9

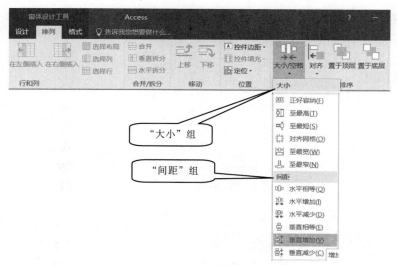

图 5-53 选择"大小/空格"选项

步骤 2：在窗口左侧的导航窗格"窗体"对象中，选择"课程-纵栏表"窗体并在"设计视图"中打开。

步骤 3：选取主体节中左侧的所有标签控件，如图 5-54 所示。

步骤 4：选择"窗体设计工具→排列→调整大小和排序→大小/空格"工具，如图 5-53 所示，在"大小"组中选择"正好容纳"项目，结果如图 5-55 所示。

图 5-54 选择多个控件

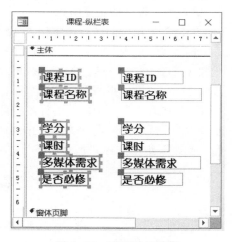

图 5-55 调整后的控件

本例将"课程-纵栏表"窗体中的标签根据实际显示标题内容调整至合适大小。如果选择"至最宽"选项，则将选取的所有标签控件统一放大至最宽（选中的所有控件中最宽的是"多媒体需求"）。

4．对齐多个控件的边界

【例 5-10】使用快捷菜单的"对齐"命令将例 5-9 结果"课程-纵栏表"窗体的标签控件右对齐。

步骤 1：打开"教学信息管理.accdb"数据库。

例 5-10

步骤 2：在"设计视图"中打开"课程-纵栏表"窗体。

步骤 3：选取主体节中左侧的所有标签控件。

步骤 4：右击，在弹出的快捷菜单中选择"对齐→靠右"命令，如图 5-56 所示，即可得到图 5-57 的目标窗体。

图 5-56　快捷菜单中的"对齐"工具

图 5-57　标签右对齐后的窗体

 说　明

　　本例将"课程-纵栏表"窗体中的主体节标签均向右对齐。即同时移动多个控件，以最右方控件的右边界为基准对齐控件。

5. 调整多个控件的垂直间距

【例 5-11】使用"间距"调整例 5-10 结果"课程-纵栏表"窗体的控件垂直间距。

步骤 1：打开"教学信息管理.accdb"数据库。

步骤 2：在"设计视图"中打开"课程-纵栏表"窗体。

步骤 3：选取主体节中左侧的标签控件。

例 5-11

步骤 4：选择"窗体设计工具→排列→调整大小和排序→大小/空格"命令，如图 5-58 所示，在"间距"组中选择"垂直相等"选项，结果如图 5-59 所示。

图 5-58　选择"垂直相等"选项

图 5-59　垂直平均分布控件后的窗体

"垂直间距"选项是上下多个控件间的距离;"垂直增加"及"垂直减少"选项是增加或减少垂直间距;"垂直相等"是最上及最下方的控件不动,以此两者的距离为准,平均分布其他多个控件的间距。请仔细观察,这些被选中的标签的捆绑文本框控件也一同发生了相应的变化。

以上几个例题介绍的窗体中控件的大小的调整、水平和垂直的布局还可以通过相应对象的"格式"属性集中的若干属性进行设置,如高度、宽度、上下左右边距等。

6. 控件的布局

布局就是一些参考线,用于集中控制多个控件的对齐,使得窗体的控件布局整齐划一。布局就像一张表格,用户可以将控件放到合适的单元格即可。

1)布局类型

控件布局分为"堆积"和"表格"两种。"堆积"布局是各个控件垂直排列,控件左侧捆绑一个标签,通常都在主体节,如图 5-60 所示。"表格"布局是各个控件水平排列,上面捆绑一个标签,但控件和标签分布在两个节中,通常是控件在主体节,标签在窗体页眉节,如图 5-61 所示。两个布局之间可以根据需要进行切换。先单击布局左上角的选取标记 ⊞,选中布局,然后在"窗体设计工具→排列→表"中选择"堆积"或"表格"选项即可,如图 5-62 所示。

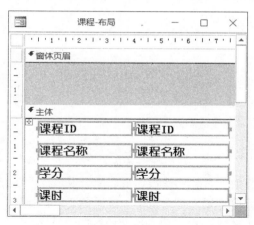

图 5-60 "堆积"布局

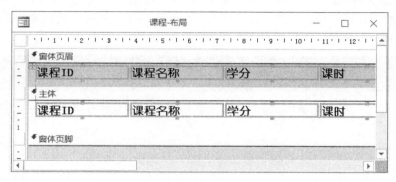

图 5-61 "表格"布局

图 5-62　用于布局的"表"选项组

2）创建新布局

可以通过为控件创建布局使其大小和排列整齐划一。选中所需的多个控件并右击，弹出快捷菜单，选择"布局→堆积"或者"布局→表格"命令（见图 5-63）即可。

3）删除布局

布局作为控件排列工具非常便捷，但有时也会束缚控件，必要时用户可以删除布局恢复控件的自由。选择整个布局或者选中需要从布局中删除的控件，右击，弹出快捷菜单，选择"布局→删除布局"命令（见图 5-64）。无论是删除整个布局，还是个别控件的布局，都只是将控件从布局中释放出来，而不会将控件从窗体中删除。

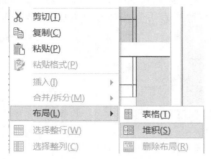

图 5-63　快捷菜单 1

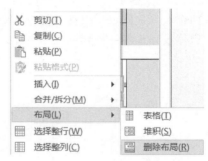

图 5-64　快捷菜单 2

5.3.5　窗体自动套用格式

使用设计视图创建窗体时，首先明确数据来源，再确定控件功能，最后格式化窗体。

针对窗体的格式处理，我们逐一针对窗体、窗体各节、再到各个控件，通过"窗体设计工具→格式"选项卡的工具（见图 5-65）或者所选内容的"属性表"中的"格式"选项卡进行设置。图 5-66～图 5-68 分别是窗体、各节到各个控件对应的"属性表"窗格的"格式"选项卡，各有不同。这样可以通过设置具体选项来定义千变万化的特色外观。但如果要简单处理，可以使用系统提供的统一格式，即应用"主题"。

图 5-65　"窗体设计工具 → 格式"选项卡

属性表　　　　　　　×
所选内容的类型: 窗体

窗体	▾

格式 数据 事件 其他 全部

标题	课程-纵栏表
默认视图	单个窗体
允许窗体视图	是
允许数据表视图	否
允许布局视图	是
图片类型	嵌入
图片	(无)
图片平铺	否
图片对齐方式	中心
图片缩放模式	剪辑
宽度	7.175cm
自动居中	是
自动调整	是
适应屏幕	是
边框样式	可调边框
记录选择器	是
导航按钮	是
导航标题	

图 5-66　"窗体"的"格式"选项卡

属性表　　　　　　　×
所选内容的类型: 节

主体	▾

格式 数据 事件 其他 全部

可见	是
高度	5.884cm
背景色	背景 1
备用背景色	背景 1, 深色 5%
特殊效果	平面
自动调整高度	否
可以扩大	否
可以缩小	否
何时显示	两者都显示
保持同页	否
强制分页	无
新行或新列	无

图 5-67　"节"的"格式"选项卡

【例 5-12】应用主题，改变数据库外观。

步骤 1：打开"教学信息管理.accdb"数据库。

步骤 2：在"设计视图"中打开"必修课程"窗体（任意窗体或报表都可以，目的是要打开设计工具）。

例 5-12

步骤 3：选择"窗体设计工具→设计→主题→主题"选项，如图 5-69 所示，在其中选择所需的主题项目"环保"。观察应用主题前后，从颜色到字体等，整体风格发生了很大变化。

属性表　　　　　　　×
所选内容的类型: 文本框(T)

课程ID	▾

格式 数据 事件 其他 全部

格式	▾
小数位数	自动
可见	是
显示日期选取器	为日期
宽度	3.534cm
高度	0.571cm
上边距	0.614cm
左边距	3.513cm
背景样式	常规
背景色	背景 1
边框样式	实线
边框宽度	Hairline
边框颜色	背景 1, 深色 35%
特殊效果	平面
滚动条	无
字体名称	华文仿宋 (主体)
字号	11

图 5-68　"文本框"的"格式"选项卡

图 5-69　"主题"选项

 说　明

修改主题会改变数据库的整体设计，包括颜色和字体。这不仅是对一个窗体外观的修改，而是整个数据库的所有对象，包括表、查询、窗体、报表，都将应用修改后的主题，保持数据库的外观风格统一。可以应用完整主题，也可以只针对颜色或字体单独进行修改。在图 5-70 或图 5-71 中进行相应的选择。

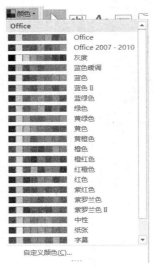

图 5-70 "颜色"工具

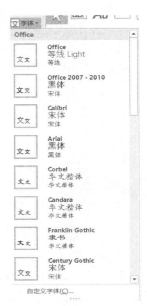

图 5-71 "字体"工具

5.4 实用窗体设计

5.4.1 输入式窗体

输入记录是窗体的主要任务,所以用来输入记录的窗体,必须进行相当精密而细微的设计,本节仅是输入式窗体的基本设计,因为绝大部分设计都需要使用宏和 VBA 模块,本节将仅仅介绍较为简易的设计。

1. 光标的切换

光标是输入数据的位置,在数据表中,输入数据的位置是字段;在窗体中,输入数据的位置是文本框或其他控件,且窗体可呈现比数据表更为复杂的外观,光标的切换,会影响输入数据的效率。

【例 5-13】为"教师基本情况"窗体调整【Tab】键顺序。

步骤 1:打开"教学信息管理.accdb"数据库。

步骤 2:在"设计视图"中打开"教师基本情况"窗体。

步骤 3:选择"窗体设计工具→设计→工具→Tab 键次序"选项,如图 5-72 所示,弹出"Tab 键次序"对话框,如图 5-73 所示,左侧是"节"列表,右侧是"自定义次序"列表。

例 5-13

图 5-72 选择"Tab 键次序"工具

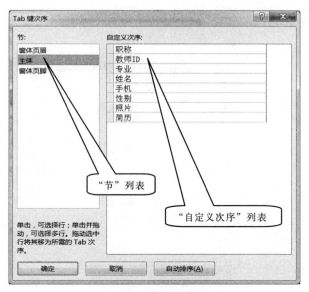

图 5-73　"Tab 键次序"对话框

步骤 4：在"节"列表框选中"主体"节，再单击右下角的"自动排序"按钮，"自定义次序"列表框中的顺序发生变化，如图 5-74 所示。这是系统自动设置的顺序，原则是先自左而右，再自上而下（教师 ID、职称、姓名、专业、性别、手机、简历、照片）。

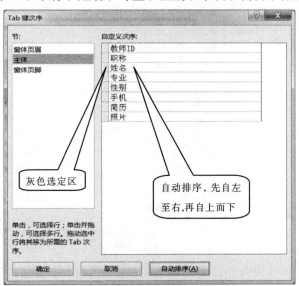

图 5-74　Tab 键自动排序

步骤 5：若用户不满足自动设置，要改为先自上而下，再自左而右的顺序。在控件名称左侧的灰色的选定区选择"姓名"，其所在行黑色反显，如图 5-75 所示，再将其拖动到"职称"前面。如果在选定区拖动鼠标，可以同时选取多个控件。

步骤 6：然后重复步骤 5，依次将"性别""简历"拖动到"职称"前面。使自定义次序列表中顺序为"教师 ID""姓名""性别""简历""职称""专业""手机""照片"。这就是 Tab 键的顺序。

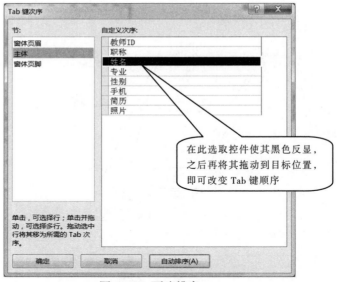

图 5-75　更改排序

步骤 7：单击"确定"按钮完成设置。

本例的设置结果会影响"Tab 键索引"属性，如图 5-76 所示。

图 5-76　"其他"选项卡

"Tab 键索引"属性内容为由"0"开始的数字，表示各控件在窗体内使用 Enter 或 Tab 键获得插入点或焦点的顺序。"制表位"属性的值为"是"或"否"，若为"否"，表示不能使用 Tab 或 Enter 键，将插入点或焦点移入该控件时要使用鼠标操作。

 说明

在 Access 中，Tab 键用于移动插入点或焦点，Enter 键表示执行操作。焦点在按钮时，按 Enter 键，表示执行此按钮功能；按 Tab 键，则将焦点移动到下一个控件。但在文本框中，两者都是将插入点移至下一个控件。

2. 数据锁定及编辑

在窗体中，记录可以根据使用权限或者需要进行锁定，可以设置是否开放添加、删除、编辑、筛选记录等功能，也可以通过锁定部分控件限制对绑定字段的操作。

要锁定窗体，可以在"属性表"窗格中进行设置，在"数据"属性卡，将"允许添加""允许删除""允许编辑""允许筛选"属性设置为"否"，如图 5-77（a）所示。这样在执行窗体时，就不允许对记录进行添加、删除、编辑和筛选操作（默认值为"是"）。

有时，在允许编辑记录的情况下要限制某些字段的操作，可用通过锁定其绑定控件来实现。在窗体设计视图中，单击控件，在其"属性表"的"数据"选项卡中，将"可用"设置为"否"，"是否锁定"设置为"是"，此控件即被锁定，但显示状态正常，如图 5-77（b）所示。如"教师基本情况"窗体的"教师 ID"文本框需要进行锁定，一是此字段类型是"自动编号"，无须输入；另外不让光标移入此文本框，可以节省输入数据的时间，提高效率。

（a）窗体"数据"选项卡

（b）文本框"数据"选项卡

图 5-77 "属性表"窗格

> **说 明**
>
> "可用"属性为"否"表示不允许移入光标，默认值为"是"。"是否锁定"为"是"表示不允许更改数据，默认值为"否"。

3. 其他相关属性

如图 5-78 所示，继续说明窗体的其他相关属性（"格式"选项卡）。

默认视图：默认值是"单个窗体"，也就是纵栏式窗体。

允许窗体视图：默认值为"是"，功能为设置是否可执行窗体视图（单个窗体或连续窗体）；若为"否"，则执行表时会显示为数据表。

允许数据表视图：表示窗体可否执行为数据表视图，和"允许窗体视图"至少一项为"是"。

滚动条：功能为设置打开窗体后，是否显示水平及垂直滚动条。

记录选择器：功能为设置打开窗体后，是否显示记录选择器。

导航按钮：功能为设置打开窗体后，是否显示导航按钮。

以上属性中，设置结果均会影响操作。记录选择器及记录导航按钮在执行时的位置如图 5-79 所示。

图 5-78　与数据处理相关的属性

图 5-79　记录选择器、导航按钮和分隔线

5.4.2　主/子窗体

主/子窗体的作用是以主窗体的一个字段（通常是主索引）为依据，在子窗体中显示与此字段相关的详细记录，而且当主窗体切换记录时，子窗体也会随着切换显示相应的内容。带子窗体的窗体本质上就是关联，其数据来源是有着一对多关联关系的表或查询。

1. "一键式"自动创建主/子窗体

【例 5-14】创建"学生成绩–自动主"窗体。

步骤 1：打开"教学信息管理.accdb"数据库。

步骤 2：在导航窗格选取"学生"表。

步骤 3：选择"创建→窗体→窗体"选项，即产生主/子窗体。

步骤 4：单击 "保存"按钮，在"另存为"对话框中输入窗体名称"学生成绩–自动主"，单击"确定"按钮保存窗体。

例 5-14

🖐 说　明

以上操作的前提是"学生"表本身有子数据表，也就是数据表"学生"和"成绩"之间已经建立一对多的关联。如果数据表"学生"还没有子数据表，可以先为其插入子数据表。打开"学生"数据表，选择"开始→记录→其他→子数据表"选项组中的"子数据表"选项（见图 5-80），在弹出的"插入子数据表"对话框（见图 5-81）中选择"成绩"，确定即可。

原理就是使用子数据表，它会在一键式生成窗体时，自动形成主子窗体，如图 5-82 所示。

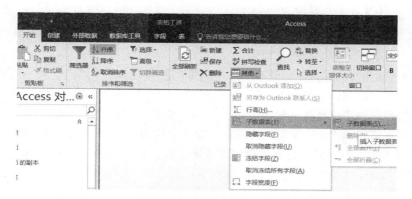

图 5-80　"子数据表"选项组

图 5-81　"插入子数据表"对话框

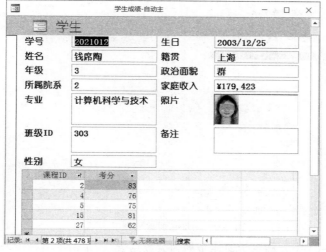

图 5-82　使用"窗体"键 创建的"学生成绩-自动主"窗体

这种方法是创建主/子窗体的最快最简单的方法，但此例题最终只生成一个窗体。其中子窗体控件的源对象是"表.成绩"而不是窗体，因此不够实用。下面创建更加实用的主/子窗体。

2. 使用"窗体向导"创建主/子窗体

【例 5-15】使用"窗体向导"，创建"学生成绩"主/子窗体。

例 5-15

步骤 1：打开"教学信息管理.accdb"数据库。

步骤 2：选择"创建→窗体→窗体向导"选项，弹出"窗体向导"对话框。

步骤 3：依次选定学生表的学号、姓名、专业、班级 ID，课程表的课程 ID、课程名称，成绩表的考分字段，加入右侧的"选定字段"列表，如图 5-83 所示，单击"下一步"按钮。

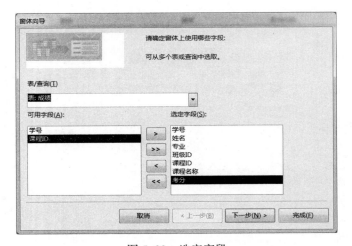

图 5-83　选定字段

步骤 4：在图 5-84 中，确定"通过学生"查看数据的方式，选择"带有子窗体的窗体"单选按钮，单击"下一步"按钮。

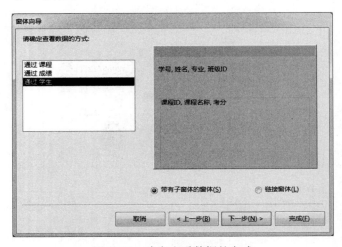

图 5-84　确定查看数据的方式

步骤 5：在图 5-85 中，确定子窗体布局为"数据表"，单击"下一步"按钮。

步骤 6：在图 5-86 中，为窗体指定标题"学生成绩-主"和"成绩-子"，选择"修改窗体设计"单选按钮，单击"完成"按钮。

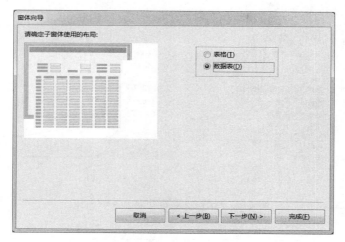

图 5-85　确定子窗体布局

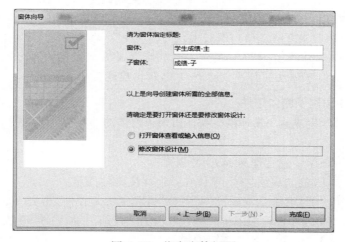

图 5-86　指定窗体标题

步骤 7：在设计视图，将窗体布局修改为图 5-87 所示的效果，保存即可。

无论外观布局还是数据来源的确定上，例 5-15 都明显优于例 5-14，两者主要区别是例 5-14 最终只产生一个窗体，其中子窗体控件的源对象为数据表，如图 5-88（a）所示。例 5-15 最终产生两个独立的窗体 "学生成绩-主"和"成绩-子"，其中后者是前者子窗体控件的源对象，如图 5-88（b）所示。数据表作为子窗体源对象，无法进行下一步的修改，而窗体作为子窗体源对象，可以进一步设计，使窗体外观和功能更完善。

图 5-87　"学生成绩"主/子窗体

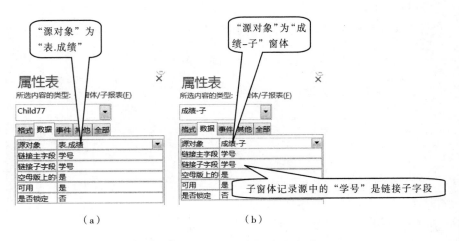

（a） （b）

图 5-88 子窗体控件"源对象"对比

说 明

以例 5-15 中"成绩.子"窗体的记录源为自动生成的查询，SQL 语句为"SELECT [课程].[课程 ID], [课程].[课程名称], [成绩].[考分], [成绩].[学号] FROM 课程 INNER JOIN 成绩 ON [课程].[课程 ID] =[成绩].[课程 ID];"，其中"[成绩].[学号]"并没有显示在"成绩-子"窗体中，但它作为主/子窗体的链接子字段是非常重要的，不可或缺，否则子窗体控件中的数据就不能跟随主窗体中记录的变化而相应地变化。

3. 在主窗体中引用子窗体控件

【例 5-16】在"学生成绩"窗体的主窗体引用子窗体的计算控件，如图 5-89 所示。

步骤 1：打开"教学信息管理.accdb"数据库。

步骤 2：将例 5-15 的"成绩-子"窗体在"设计视图"打开。

步骤 3：在"主体"节，选中文本框控件"考分"左侧的标签控件"考分_Label"，在其"属性表"的"全部"选项卡中将"标题"改为"成绩"，如图 5-90 所示。标签上显示的内容是它的标题，而不是它的名称，不要混淆。

图 5-89 带有"平均成绩"的窗体

图 5-90 标签属性表

步骤 4：在"窗体页脚"节添加文本框控件，自动命名为"Text6"，"Text"为控件类型，"6"为控件编号。如果需要，可以在其"属性表"的"全部"选项卡的"名称"处进行修改。

步骤 5：单击文本框"Text6"，直接输入公式"=Avg([考分])"，成为一个计算型控件，用于计算平均成绩。文本框中输入的公式是它的控件来源。也可以在属性表的相应位置进行修改。

步骤 6：关闭"成绩-子"窗体，并保存上述修改。

步骤 7：将例 5-15 的"学生成绩-主"窗体在"设计视图"打开。

步骤 8：在"主体"节子窗体控件下方添加一个文本框控件，自动命名为"Text40"，将其标题改为"平均成绩:"。

步骤 9：单击"Text40"文本框"控件来源"右侧的表达式生成器按钮，如图 5-91 所示，弹出"表达式生成器"对话框，如图 5-92 所示。

步骤 10："表达式生成器"对话框中，在下方左侧"表达式元素"列表框中选择"学生成绩-主"窗体的子窗体"成绩-子"，再双击"表达式类别"列表框中的"Text6"，上方编辑框中就出现了公式"=[成绩-子].[Form]![Text6]"，如图 5-92 所示。

图 5-91 文本框属性表

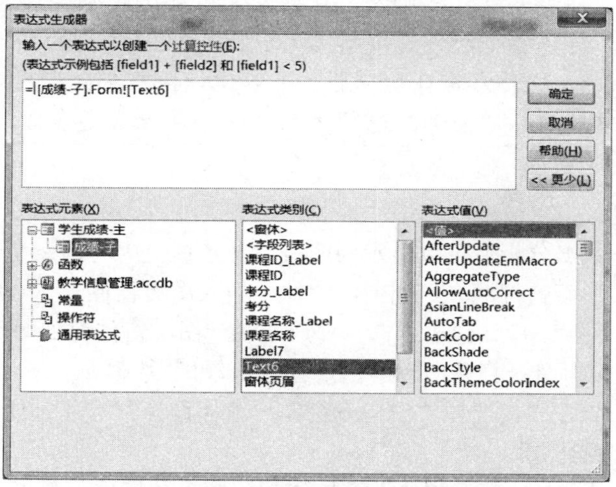

图 5-92 "表达式生成器"对话框

步骤 11：单击"确定"按钮关闭并保存公式到"控件来源"中，如图 5-93 所示。

步骤 12：在属性表中，将"格式"设为"标准"，将"小数位数"设为"4"，即平均成绩保留 4 位小数。

步骤 13：保存各种修改，切换到"窗体视图"执行窗体，如图 5-89 所示。

图 5-93 文本框"Text40"的属性表

本例的目的是在子窗体中使用公式，并将其计算结果显示到主窗体中。

如图 5-89 所示，主窗体中"平均成绩"就是子窗体中所有课程成绩的平均值。可以将此文本框锁定，因为其中的值是计算而来的，不是绑定型控件，不允许更改。

> **说　明**
>
> 本例在主窗体和子窗体各添加一个新文本框，且在其中使用公式，子窗体中的公式为 "=Avg([考分])"，表示以 Avg()函数计算"考分"字段的平均值。
>
> 主窗体的文本框则引用子窗体的计算控件，其中的公式为"=[成绩-子].[Form]![Text6]"。"[成绩-子]"为主窗体中的子窗体控件名称（在其属性表中可以看到）；"Text6"就是子窗体窗体页脚中含有公式的文本框名称。引用子窗体中文本框的格式：[子窗体控件名称].[Form]![子窗体文本框名称]。
>
> 公式可以直接输入，也可以使用表达式生成器完成。
>
> 窗体各个控件皆有其名称，且同一窗体内的各控件名称不会重复，添加新控件后，Access 就会为其自动命名。很多设计操作都会引用名称，可以在各控件的"属性表"窗格中查看，"全部"选项卡的第一个属性就是名称。

5.4.3　图表

数据分析后可以显示为图表，使数据更为易读、易懂，更加形象。

下面的例题介绍如何在窗体中插入图表控件。

【例 5-17】 创建"选修课成绩统计图"窗体，如图 5-102 所示。

步骤 1：打开"教学信息管理.accdb"数据库。

步骤 2：选择"创建→窗体→窗体设计"选项，创建一个空白窗体，默认名称"窗体 1"。

例 5-17

步骤 3：在"主体"节中添加"图表"控件，弹出"图表向导"对话框。

步骤 4：在"图表向导"中指定"选修课成绩"查询作为来源，此查询的设计视图如图 5-94 所示，单击"下一步"按钮。

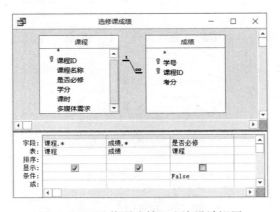

图 5-94　"选修课成绩"查询设计视图

步骤 5：在图表向导中确定用于图表的字段 "课程名称"和"考分"，如图 5-95 所示，单击"下一步"按钮。

步骤 6：默认图表类型为柱形图，单击"下一步"按钮。

图 5-95 确定图表字段

步骤 7：确定图表布局，如图 5-96 所示，将字段按钮拖到示例图表中，双击"考分合计"，将汇总类型改为"平均值"，如图 5-97 所示，依次单击"确定"和"下一步"按钮。

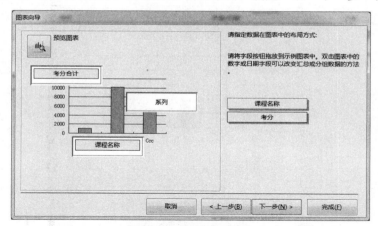

图 5-96 确定图表布局

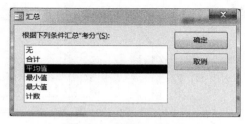

图 5-97 修改汇总方式

步骤 8：输入图表标题"选修课平均成绩统计图"，选择"否，不显示图例"单选按钮，如图 5-98 所示，单击"完成"按钮，返回窗体视图，如图 5-99 所示。这时图表中显示的是图表向导的模拟数据，看真实数据，需要切换到窗体视图。

步骤 9：将窗体另存为"选修课成绩统计"，单击"确定"按钮。

以上就是图表向导的操作过程，完成后的图表不是很美观，可以双击"主体"节的图表控件，进入图表编辑视图，如图 5-100 所示。可以进一步修改图表的各个部分，如"图表标题""数值轴""分类轴""数据系列"等。

图 5-98　确定图表标题

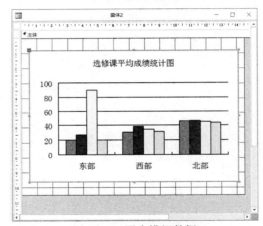

图 5-99　图表模拟数据

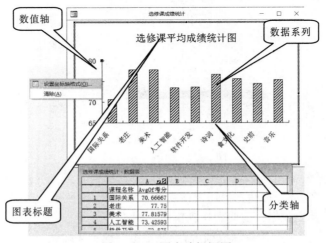

图 5-100　图表编辑视图

这个窗体没有记录源，所以一些浏览记录的属性需要继续进行修改。

步骤 10：在窗体"属性表"窗格的"格式"选项卡中，将"记录选择器""导航按钮"设为"否"，将"滚动条"设为"两者均无"，如图 5-101 所示。完成后的图表窗体如图 5-102 所示。

图 5-101　窗体格式属性表

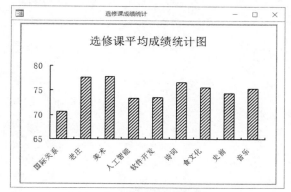

图 5-102　完成后的图表窗体

5.4.4　带交互功能的窗体

前面主要介绍了与数据输入、数据显示有关的窗体。实际窗体的功能不仅仅如此，窗体还可以提供交互信息的接口，在窗体中执行各种功能，打开或关闭其他对象等。不过这些功能的完善大多需要宏和 VBA 模块，在后面的章节中详细介绍。下面通过控件向导，或通过修改控件属性来完成一些简单的窗体创建。

【例 5-18】创建"查找学生"窗体，按用户提供的姓名信息，打开"学生基本情况"窗体，并显示相关学生数据，如图 5-109 所示。

例 5-18

步骤 1：打开"教学信息管理.accdb"数据库。

步骤 2：选择"创建→窗体→窗体设计"选项，创建一个空白窗体，默认名称"窗体 1"。

步骤 3：在窗体"主体"节中添加文本框控件"Text0"。

步骤 4：将"Text0"捆绑的标签控件"Label1"的标题改为"请输入学生姓名"。

步骤 5：选择"窗体设计工具→设计→控件→使用控件向导"选项，确认启动控件向导。这一步很关键，因为我们还不会使用宏，要通过控件向导自动生成事件过程，确保按钮控件执行相应的功能。

步骤 6：在窗体"主体"节中添加按钮控件，系统弹出"命令按钮向导"对话框。

步骤 7：在"类别"列表框中选择"窗体操作"，在"操作"列表框中选择"打开窗体"，如图 5-103 所示，单击"下一步"按钮。

步骤 8：选择命令按钮打开的窗体为"学生基本情况"，单击"下一步"按钮。

步骤 9：选择"打开窗体并查找要显示的特定数据"单选按钮，如图 5-104 所示，单击"下一步"按钮。

步骤 10：在左侧列表中选中"Text0"，在右侧列表中选中"姓名"，单击中间的按钮，如图 5-105 所示，单击"下一步"按钮。

图 5-103　确定命令按钮操作类型

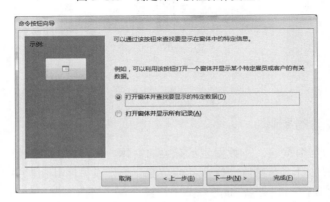

图 5-104　确定打开的窗体

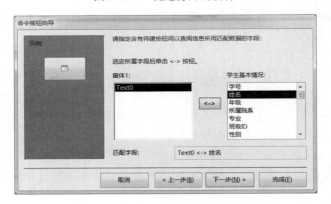

图 5-105　确定按钮的匹配字段

步骤 11：选定"文本"，并在相应的编辑框中输入"查找"，如图 5-106 所示，单击"下一步"按钮。

步骤 12：确定按钮的名称为默认的"Command2"，单击"完成"按钮，该按钮添加完毕。

步骤 13：模仿步骤 6～12，添加 Command3 按钮，其操作是"关闭窗体"，按钮上显示的文本为"停止查找"。

步骤 14：在窗体的"属性表"窗格中，将"滚动条"属性设为"两者均无"，"记录选择器"

"导航按钮"属性都设置为"否"等。

图 5-106 确定按钮上显示的文本

步骤 15：保存该窗体为"查找学生"，执行窗体，如图 5-107 所示。

图 5-107 "查找学生"窗体

在文本框中输入要查找的学生姓名"钱××"，单击"查找"按钮，则打开"学生基本情况"窗体，并实施筛选，定位并显示"钱××"的记录信息。如果要查找的学生不存在，应该给出提示信息，单击"停止查找"应该同时关闭"查找学生"和"学生基本情况"窗体。这些本例题都还没能实现，有待通过宏和 VBA 编程来完善。

例 5-19

【例 5-19】创建"课程成绩"主/子窗体，按用户选择的课程名称，在子窗体显示相应的课程成绩，如图 5-108 所示（本例题不用控件向导，请关闭控件向导）。

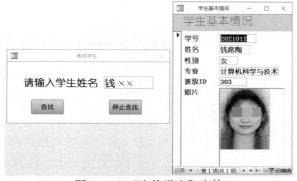

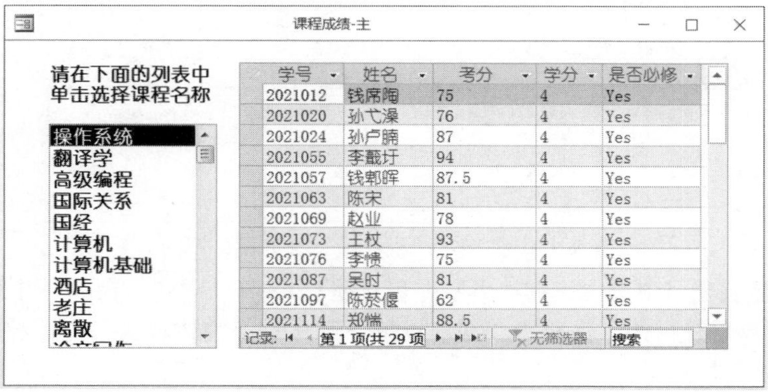

图 5-108 "课程成绩"主/子窗体

步骤 1：打开"教学信息管理.accdb"数据库。

步骤 2：选择"创建→窗体→窗体设计"选项，创建一个空白窗体，默认名称"窗体 1"。

步骤 3：在窗体"主体"节中添加列表框控件"List0"。

步骤 4：将"List0"捆绑的标签控件 "Label1"的标题改为"请在下面的列表中单击选择课程名称"。

步骤 5：在窗体"主体"节中添加子窗体控件"Child2"。

步骤 6：将"Child2"捆绑的标签控件"Label3"删除。

步骤 7：保存窗体"课程成绩-主"，如图 5-109 所示，然后关闭。

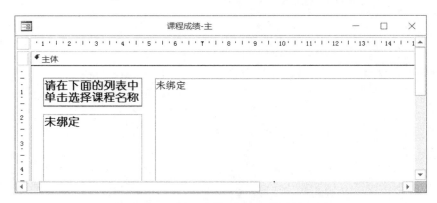

图 5-109 "课程成绩-主"窗体设计视图

步骤 8：选择"创建→查询→查询设计"选项，创建一个参数查询"指定课程成绩"，如图 5-110 所示（这个查询将为"课程成绩-子"窗体提供记录源。其 SQL 语句为：SELECT 学生.学号, 学生.姓名, 成绩.考分, 课程.学分, 课程.是否必修 FROM 学生 INNER JOIN (课程 INNER JOIN 成绩 ON 课程.课程 ID = 成绩.课程 ID) ON 学生.学号 = 成绩.学号 WHERE (((课程.课程名称) Like [LIST0]));)，保存并关闭。

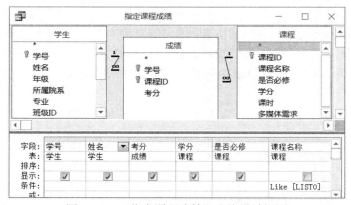

图 5-110 "指定课程成绩"查询设计视图

步骤 9：在导航窗格中选中查询"指定课程成绩"，选择"创建→窗体→其他窗体"→数据表"选项，创建数据表窗体，保存为"课程成绩-子"（这个窗体将为子窗体控件"Child2"提供控件来源），保存并关闭。

步骤 10：重新在设计视图中打开"课程成绩-主"窗体，选中列表框控件"List0"，在"属性表"窗格中设置，如图 5-111 所示，行来源中输入"SELECT DISTINCT 课程.课程名称 FROM 课程;"，默认值中输入""*""。

步骤 11：选中子窗体控件"Child2"，在"属性表"窗格中设置，如图 5-112 所示，源对象中选择"课程成绩-子"窗体。

步骤 12：切换到窗体视图，执行窗体，如图 5-108 所示。

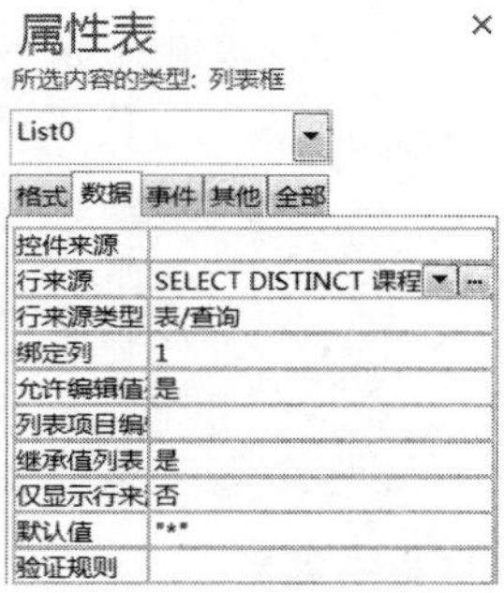

图 5-111　列表框"List0"的属性表 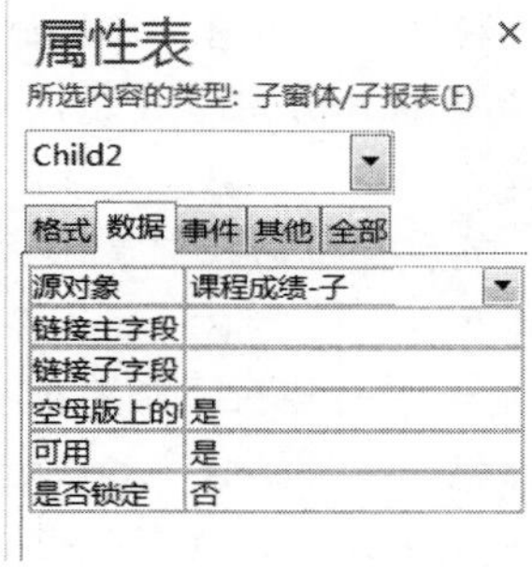　　　　　图 5-112　子窗体控件"Child2"的属性表

仔细观察图 5-112，子窗体控件"Child2"的"链接主字段"和"链接子字段"空白，那么主/子窗体是靠什么联系在一起的？本例题中的主/子窗体和例 5-15 中的主/子窗体有何区别？

本 章 小 结

窗体是 Access 数据库最重要的交互界面，其设计的优劣直接影响应用程序的友好性和可操作性。本章主要讲述：

（1）窗体的基本类型和组成；

（2）利用窗体向导等工具快速建立简单的窗体；

（3）使用设计视图灵活创建窗体，主要介绍各类控件的添加、基本编辑和相关属性设置；

（4）设计和创建实用复杂的带子窗体的窗体（要正确实现主窗体和子窗体之间的数据对应关系）；

（5）创建图表窗体以实现相应数据分析；

（6）创建交互窗体以实现对事件流程的控制。

习 题

一、思考题

1. 窗体主要有哪些功能？

2. 创建窗体有哪几种方法？简述其优缺点。

3. 什么是窗体中的节，各节主要放置什么数据？

4. 如何在窗体中创建和使用控件？

5. 如何正确创建带子窗体的窗体？主窗体和子窗体的数据来源有何关系？

6. 如何使用图表对数据进行分析？

二、选择题

1. 只可显示数据，无法编辑数据的控件是（　　　）。

    A．文本框　　　　　　B．标签　　　　　　C．组合框　　　　　　D．选项组

2. 若字段类型为是/否，通常会在窗体使用的控件是（　　　）。

    A．标签　　　　　　B．文本框　　　　　　C．复选框　　　　　　D．组合框

3. 使用（　　　）创建的窗体灵活性最小。

    A．设计视图　　　　B．窗体视图　　　　C．自动窗体　　　　D．窗体向导

4. 下列不属于窗体常用格式属性的是（　　　）。

    A．标题　　　　　　B．记录源　　　　　　C．分隔线　　　　　　D．滚动条

5. （　　　）节在窗体的顶部显示信息。

    A．主体　　　　　　B．窗体页眉　　　　C．页面页眉　　　　D．控件页眉

6. 控件选项组中的按钮▣，用于创建（　　　）控件。

    A．组合框　　　　　B．文本框　　　　　C．列表框　　　　　D．复选框

7. 为窗体指定来源后，在窗体设计窗口中，可由（　　　）取出来源的字段。

    A．控件选项组　　　B．字段列表　　　C．自动格式　　　D．属性表

8. 若要快速调整窗体格式，如字体大小、颜色等，可使用（　　　）。

    A．字段列表　　　　　　　　　　B．"控件"选项组

    C．"主题"选项组　　　　　　　D．属性表

9. 在窗体中加入标题，应使用（　　　）控件。

    A．标签　　　　　　B．文本框　　　　C．选项组　　　　D．图片

10. 若在文本框内输入身份证号后，光标可立即移至下一文本框，应设置（　　　）属性。

    A．自动 Tab 键　　　B．制表位　　　C．Tab 键索引　　　D．可以扩大

三、填空题

1. 窗体中的控件可以分为 3 种类型，分别是＿＿＿＿、＿＿＿＿、＿＿＿＿。

2. 组合框和列表框都可以从列表中选择值，相比较而言，＿＿＿＿占用窗体空间多；＿＿＿＿不仅可以选择，还可以输入新的文本。

3. 向窗体中添加控件的方法是，选定窗体控件选项组中的某一控件按钮，然后在＿＿＿＿，便可添加一个选定的控件。

4. 利用＿＿＿＿选项组中的选项，可以对选定的控件进行居中、对齐等多种操作。

5. 使用"窗体向导"向导，可以创建＿＿＿＿、＿＿＿＿、＿＿＿＿、＿＿＿＿的窗体。此向导使用快速、简单，但如果想要创建基于多表的窗体，则必须＿＿＿＿。

6. 窗体中所有可被选取者，皆为＿＿＿＿，但不一定就是字段。这些可被选取的项目，皆有＿＿＿＿，可在此定义其工作状态。

7. 在窗体设计窗口选取对象后，单击 4 个方向键可进行移动，若按住＿＿＿＿键，再使用 4 个方向光标键，可进行微调。

8. 窗体"属性表"窗格中有＿＿＿＿、＿＿＿＿、＿＿＿＿、＿＿＿＿、＿＿＿＿选项卡。

四、上机实验

在"教学信息管理"数据库中，设计并实现以下操作：

1. 以"教师"表为记录源，创建"教师"纵栏表窗体，显示所有字段。

2. 创建"北京学生"数据表窗体，不显示照片和备注信息，按年龄降序（不显示年龄信息）。

3. 创建"必修课成绩"表格窗体，包含所有必修课程的成绩（课程 ID、课程名称、学号、姓名、班级、成绩），而且要求按课程 ID 升序，相同课程按成绩降序。

4. 创建"教师课表"主/子窗体，主窗体中显示教师的基本信息（教师 ID、教师姓名、职称、专业），子窗体中显示该教师的课表（星期、节次、教室 ID、课程名称、班级对象）。

5. 创建"课程成绩"主/子窗体，主窗体中显示课程的基本信息（课程 ID、课程名称、学分、是否必修），子窗体中显示该课程的所有学生的成绩（专业、班级、学号、姓名、成绩）。

6. 创建"各地区生源统计图"窗体，以折线图表现各地区学生人数。

7. 在"教师课表"窗体中统计每位教师任课的总课时。

8. 创建"学生成绩"主/子窗体，主窗体中用一个文本框控件接收用户输入学生姓名，子窗体中显示该学生的所有课程的成绩（课程 ID、课程名称、是否必修、学分、成绩）。

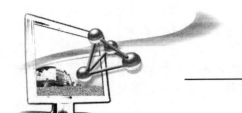

第 **6** 章

报　　表

报表是 Access 的对象之一，是专门为打印而设计的，是数据库应用的最后目标。报表有多种形式。可以对原始数据进行综合整理，将结果打印成表。也可以将表、查询等相结合，对数据进行组合、统计、分析。我们可以控制报表上每个控件的大小和外观，按照所需的方式显示信息便于查看结果。在 Access 报表设计中，还可以实现一些复杂的计算，对数据进行分组、统计、汇总等，是非常实用的功能。

6.1　报表的基本概念

6.1.1　报表的类型

Access 系统提供了比较丰富、多样的报表样式。主要有 4 种类型：纵栏表报表、表格报表、图表报表和标签报表。

1. 纵栏表报表

纵栏表报表是将每条记录标签和文本框都显示在"主体"节，每个字段占一行，所有字段自上而下，左侧是标签，右侧是文本框。如果数据中有图片、长文本，这种格式可以充分展示，如图 6-1 所示。

2. 表格报表

表格报表的格式类似于数据表的格式，每条记录的所有字段显示在"主体"节的同一行，而它们的标签显示在"页面页眉"节。这种报表数据显示比较紧凑，可以在一页报表上输出多条记录内容，便于集中保存与阅览，如图 6-2 所示。

3. 图表报表

图表报表是指报表中的数据以图表格式显示，类似 Excel 中的图表，图表可直观地展示数据之间的关系，非常形象，如图 6-3 所示。

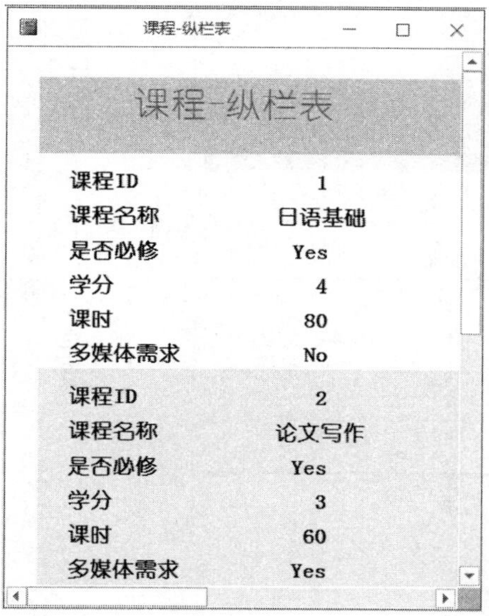

图 6-1 "课程–纵栏表"报表

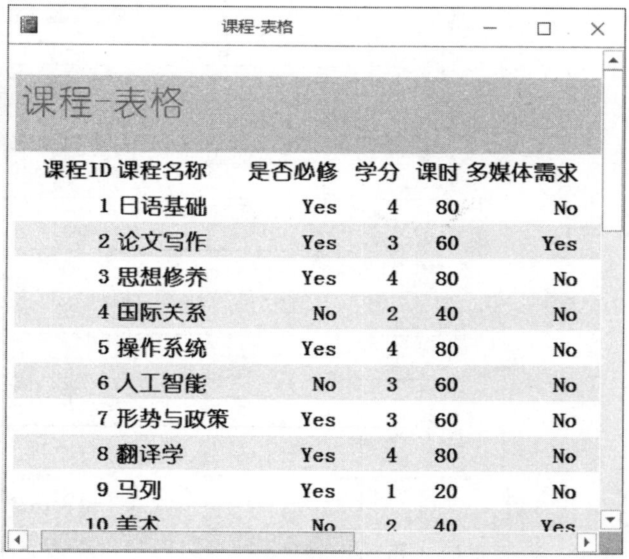

图 6-2 "课程–表格"报表

4．标签报表

标签报表是一特殊的报表，主要用于制作用户或商品标签。例如实际应用中，可制作学生标签，用来下发学生的成绩单、通知等。图 6-4 就是使用"标签向导"创建的"院系学生–标签"报表。

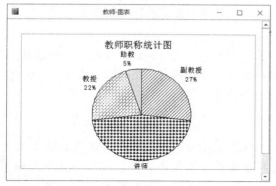

图 6-3 "教师–图表"报表

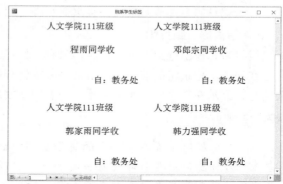

图 6-4 "院系学生–标签"报表

6.1.2 报表的组成

在报表中包含和窗体类似的"主体""报表页眉""报表页脚""页面页眉"和"页眉页脚"5 个节，还增加了用于分组统计数据的"组页眉"和"组页脚"，而且根据实际需要"组页眉""组页脚"可能有多个。每一节任务不同，适合放置不同的数据，如图 6-5 所示。

1．主体

"主体"节是整个报表的核心部分，是显示数据的主要区域，主要显示报表数据的明细部分。记录源中的每条记录都在主体输出，此节在设计视图中的高度等于输出后的一条记录高度。高度越大，表示打印后各条记录之间的距离越大，反之则越小。

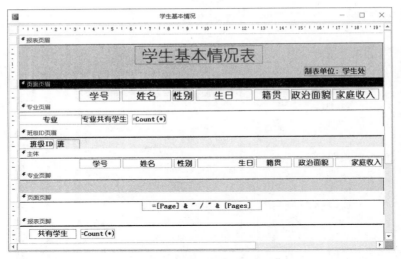

图 6-5　报表中的节

2．页面页眉、页面页脚

顾名思义，页面页眉会在每页上方显示及打印，页脚则在每页底部。通常页面页眉放置页标题、字段名称等。页面页脚放置页码、日期等信息。

3．报表页眉、报表页脚

报表页眉只在报表的顶部出现一次。输出在报表首页的页面页眉之前，也有可能单独设为一页，适合放置徽标、报表标题、制表单位、打印日期等信息。报表页脚则显示在报表的结尾，最后一条记录的主体节和最后一页页面页脚之间，适合放置整张报表的汇总数据等。

4．组页眉、组页脚

组页眉是输出分组的有关信息。只有在执行"排序和分组"命令，添加分组后才会出现，显示在每个新记录组的前面，一般常用来放置分组的标题或提示信息。组页脚也输出分组的有关信息，显示在每个记录组的末尾，一般用来放置分组的小计等。

> **说明**
>
> 报表页眉的位置在第一页的页面页眉前面，而报表页脚则在最后一页的页面页脚之前。因为页面页眉要打印在每一页的上方，通常会放置必须在每页重复打印的数据，如字段名。报表页眉在整个报表只打印一次，在第一页的最上方，通常放置报表标题，其下面才是第一页的页面页眉。
>
> 报表最后一页的最后一条记录可能在页内任意处，而报表页脚是紧接着最后一条记录的，只打印在报表的最后一页，在这一页，报表页脚内容通常会在此页的页面页脚上方，这一点与在设计窗口中显示的情况刚好相反。

6.1.3　报表的视图

报表有 4 种视图：报表视图、打印预览、布局视图和设计视图。

1．报表视图

报表视图是报表的显示视图，可以在此视图进行数据的筛选和查找。

2．打印预览

打印预览是按照报表打印的样式显示报表，用于查看和测试报表的打印效果。可以在此设置"页面大小""页面布局""显示比例"等。

3．布局视图

布局视图与报表视图界面类似，在此可以通过"报表布局工具"选项组的功能对控件进行排列、格式等设置。

4．设计视图

设计视图主要用于创建报表，是设计报表各种对象的结构、布局、数据的分组与汇总特性的窗口。

6.1.4　报表和窗体的区别

报表和窗体是 Access 数据库的两个不同的对象，是 Access 数据库的主要操作界面，两者显示数据的形式很类似，但其输出目的不同。

窗体是最主要的交互式界面，可用于屏幕显示，用户通过窗体可以对数据进行筛选、分析、也可以对数据进行输入和编辑。而报表是数据的打印结果，不具有交互性。

窗体可以用于控制程序流程操作，其中包含一部分功能控件，如命令按钮、单选按钮、复选框等，这些是报表所不具备的。报表中包含较多控件的是文本框和标签，以实现报表的分类、汇总等功能。

6.2　快速创建报表

创建报表和创建窗体很相似，即设计报表可以首先利用自动报表功能或报表向导快速创建报表，然后再在设计视图中对所创建的报表进行修改。

6.2.1　自动创建报表

使用"自动创建报表"可以创建类似表格的报表。

【例 6-1】使用"报表"按钮一键式自动创建图 6-6 所示的"课程–自动"报表。

例 6-1

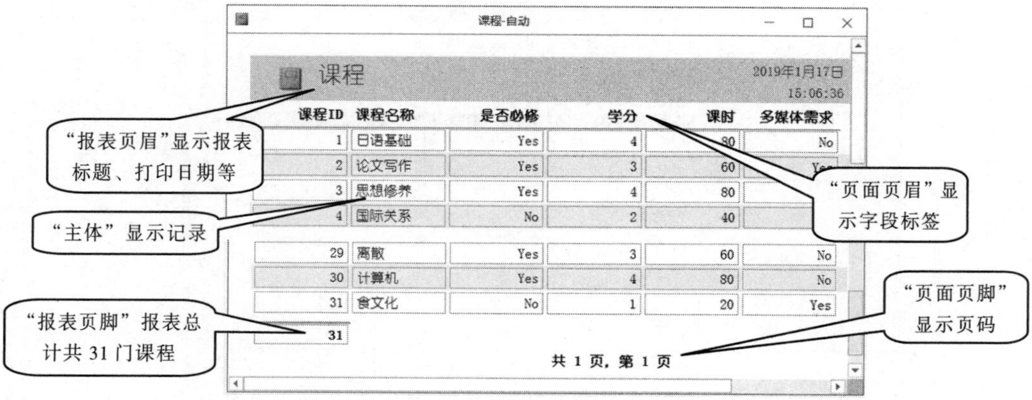

图 6-6　"课程–自动"报表

步骤 1：打开"教学信息管理.accdb"数据库。

步骤 2：在窗口左侧的导航窗格中单击"表"对象，选取"课程"表。

步骤 3：选择"创建 → 报表 → 报表"选项，即可产生自动报表（布局视图）。

步骤 4：单击"保存"按钮 ，弹出"另存为"对话框。

步骤 5：在"另存为"对话框中修改报表名称为"课程–自动"，单击"确定"按钮保存。产生图 6-6 所示的"课程–自动"报表。如不修改报表名称，则与数据表同名。

"课程–自动"报表含有主体、报表页眉、报表页脚、页面页眉和页面页脚 5 个节。分别显示数据源记录、报表标题、报表总计信息、字段标签和页码信息。

6.2.2 使用向导创建报表

1．建立邮件标签

【例 6-2】使用"标签"向导创建图 6-4 所示的"院系学生–标签"报表。

步骤 1：打开"教学信息管理.accdb"数据库。

步骤 2：在窗口左侧的导航窗格中，选择"院系学生"查询，其设计视图如图 6-7 所示。

例 6-2

图 6-7 "院系学生"查询设计视图

步骤 3：选择"创建 → 报表 → 标签"选项，弹出"标签向导"对话框，如图 6-8 所示。

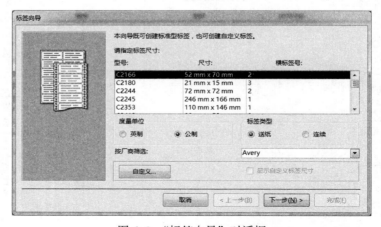

图 6-8 "标签向导"对话框

步骤 4：选取所需标签尺寸或自定义，单击"下一步"按钮，进入图 6-9 所示的界面。

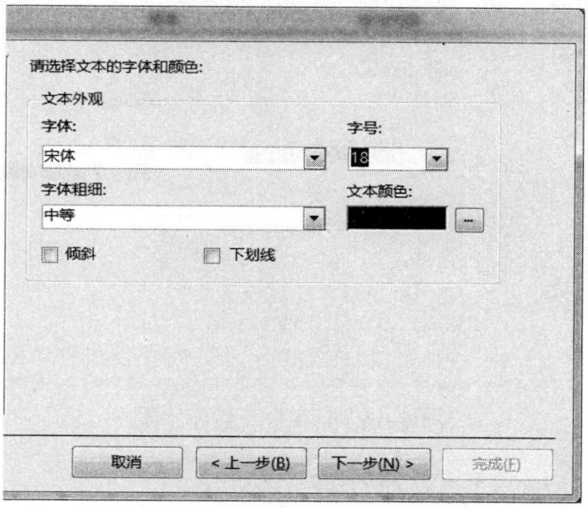

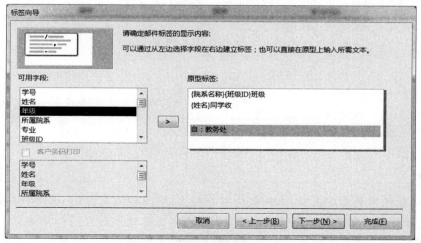

图 6-9　确定文本字体、颜色等

步骤 5：设置字号、字体、颜色等，单击"下一步"按钮，进入图 6-10 所示的界面。

图 6-10　确定标签的显示内容

步骤 6：在标签原型上放置可用字段和输入相关文字。在"可用字段"列表框件依次双击"院系名称""班级 ID"字段，在添加到标签原型的"班级 ID"字段后输入"班级"两个字，按 Enter 换行。再双击"姓名"字段，在添加到标签原型的"姓名"字段后输入"同学收"三个字。连续按两次 Enter 键形成空白行，输入"自：教务处"。在图 6-10 中的"原型标签"栏内，"{院系名称}""{班级 ID }"和"{姓名}"表示字段，其余输入的文本是在标签上固定显示的文字，单击"下一步"按钮。

步骤 7：设置打印报表的排序依据，依次双击"院系名称""班级 ID"和"姓名"字段，单击"下一步"按钮，进入图 6-11 所示界面。

步骤 8：输入"院系学生–标签"为新报表名称，再单击"完成"按钮。可以到设计视图下进一步完善标签的布局、格式等，如图 6-12 所示。

图 6-11　指定标签排序字段

图 6-12　标签的设计视图

　　标签是数据库的重要应用，本例制作邮寄标签，重点操作是图 6-10 的步骤 6 和图 6-11 的步骤 7。若标签用纸是外购的商品标签，需在图 6-8 中选取符合的标签类型，包括行数、列数、宽与高等各项基本数据，若使用的标签在列表中找不到，也可使用"自定义"

　　图 6-10 中操作的目的是在标签上安排各字段，"原型标签"就是一个标签，其上可放置字段，并输入相应的文字。

2. 使用报表向导

【例 6-3】使用报表向导创建图 6-13 所示的"学生-表格"报表。

　　步骤 1：打开"教学信息管理.accdb"数据库。

　　步骤 2：选择"创建 → 报表 → 报表向导"选项，弹出"报表向导"对话框，如图 6-14 所示。

例 6-3

　　步骤 3：从"学生"表中选定字段到右侧列表，如图 6-14 所示，单击"下一步"按钮。

　　步骤 4：在图 6-15 中设置分组，此例题不分组，单击"下一步"按钮。

图 6-13 "学生-表格"报表

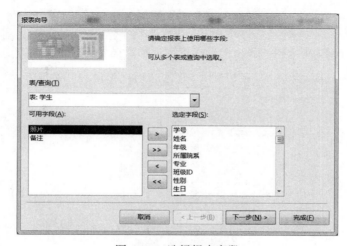

图 6-14 选择报表字段

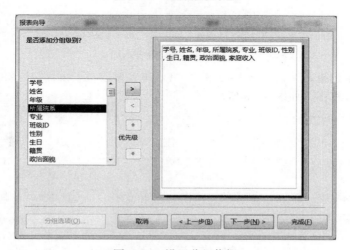

图 6-15 设置分组依据

步骤 5：在图 6-16 中依次选取排序字段"所属院系""专业"、"班级 ID"和"学号"，表示预览及打印时，将以此字段做升序排序，最多指定 4 个排序字段，单击"下一步"按钮。

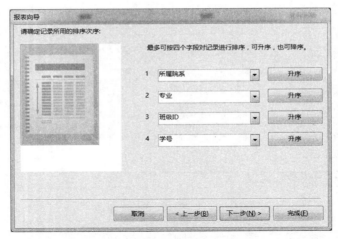

图 6-16　指定排序字段

步骤 6：在图 6-17 中选择"表格"单选按钮，确定报表的布局，单击"下一步"按钮。

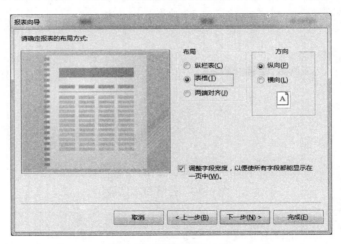

图 6-17　确定报表布局

步骤 7：为报表指定标题"学生-表格"，并选择"修改报表设计"选项，单击"完成"按钮，进入报表设计视图，如图 6-18 所示。

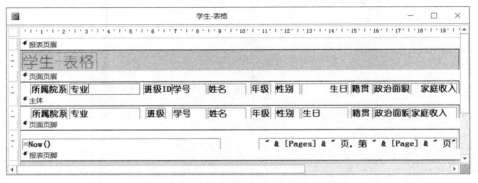

图 6-18　"学生-表格"报表设计视图

以上就是使用报表向导的过程，图 6-14 中操作的目的是设置所需字段，"选定字段"列表框中的各字段在报表上由左而右显示。

报表向导的操作相当简单，只要指定要打印的字段及报表布局即可，Access 会尽量将所有选定的字段打印在同一页。但不能像 Excel 一样，设置打印的缩放比例，而是依报表设计视图中，各栏的字号及宽度，做全比例打印。

> **说　明**
>
> 以上说明两个报表相关向导，但未说明使用设计窗口自行建立报表，因为多数报表为表格式，但在设计窗口中从无到有建立表格式报表会相当麻烦，所以建议尽量使用报表向导，可节省在报表上的排版时间。

【例 6-4】使用报表向导创建图 6-19 所示的"学生–递阶"报表。

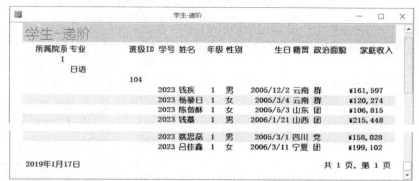

例 6-4

图 6-19　"学生–递阶"报表

步骤 1：打开"教学信息管理.accdb"数据库。

步骤 2：选择"创建 → 报表 → 报表向导"选项，弹出"报表向导"对话框，如图 6-14 所示。

步骤 3：从"学生"表中选定字段到右侧列表框，如图 6-14 所示，单击"下一步"按钮。

步骤 4：依次选择"所属院系""专业"和"班级ID"作为分组依据，在图 6-20 中设置分组，单击"下一步"按钮（这一步是与例 6-3 进行区别的关键）。

图 6-20　设置分组依据

步骤 5：选择"学号"排序，分组依据字段默认升序，单击"下一步"按钮。

步骤 6：在图 6-21 中选择"递阶"单选按钮，确定报表的布局，单击"下一步"按钮。

图 6-21　确定报表布局

步骤 7：为报表指定标题"学生–递阶"，并选择"修改报表设计"选项，单击"完成"按钮，进入报表设计视图，如图 6-22 所示。

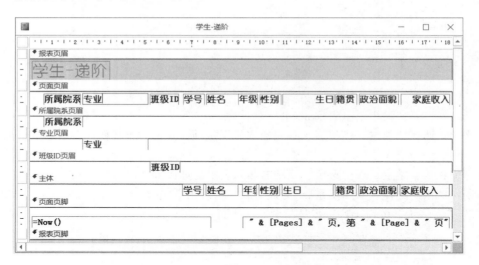

图 6-22　"学生–递阶"报表设计视图

 说　明

比较上面两个例题中的报表和相关的设计视图，例 6-3 中的记录源没有分组，所有字段都在"主体"节显示，例 6-4 中记录源按指定字段进行分组，各分组依据字段"所属院系""专业"和"班级 ID"显示在相应的组页眉中，且呈递进格式，其余字段都显示在"主体"节。用户自行设计报表可以根据需要模仿例题中报表布局。

6.2.3　创建实用报表

使用向导创建的报表稍加改造便十分实用。下面介绍两种看似复杂，实际操作简单的窗体。

1. 多列报表

【例 6-5】将“课程-纵栏表”改造为多列报表。多列报表类似 Word 排版中的分栏，可以使报表布局更紧凑，如图 6-23 所示。

例 6-5

课程-纵栏表
课程-纵栏表
课程ID 1
课程名称 日语基础
是否必修 Yes
学分 4
课时 80
多媒体需求 No
课程ID 2
课程名称 论文写作
是否必修 Yes
学分 3
课时 60
多媒体需求 Yes
课程ID 3
课程名称 思想修养
是否必修 Yes
学分 4
课时 80
多媒体需求 No
课程ID 4
课程名称 国际关系
是否必修 No
学分 2
课时 40
多媒体需求 No
页: 1
无筛选

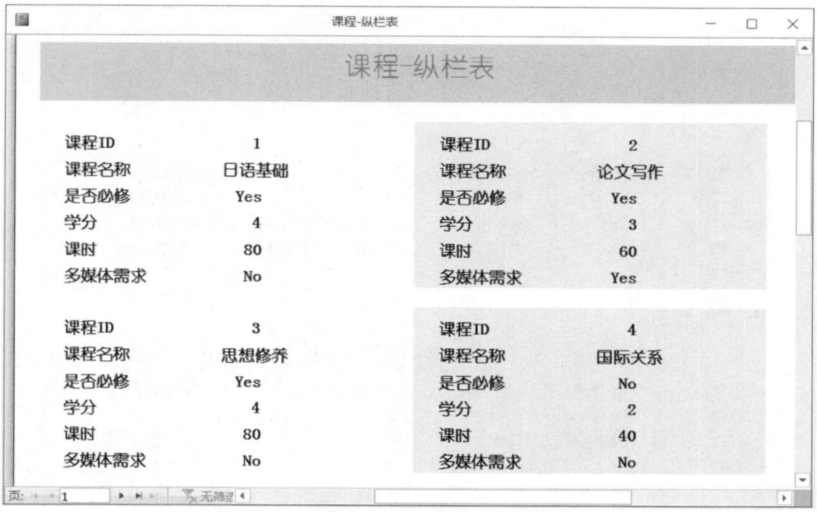

图 6-23　多列报表

步骤 1：打开“教学信息管理.accdb”数据库。

步骤 2：在窗口左侧的导航窗格中，选取“课程-纵栏表”报表，打开设计视图。

步骤 3：在图 6-24 中选择“报表设计工具 → 页面设计 → 页面布局 → 列”选项，弹出“页面设置”对话框，如图 6-25 所示。

步骤 4：在“列”选项卡中设置如下，“2”列，“0.5cm”行间距，列宽度“9cm”，单击“确定”按钮。

完成设置后，切换至“打印预览”视图，可查看图 6-23 所示的多列报表。

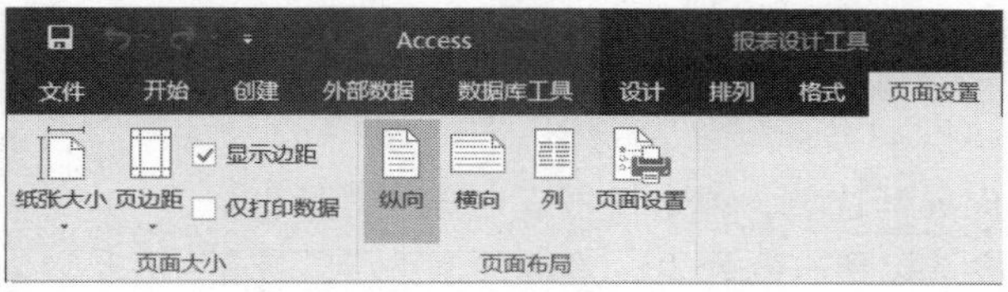

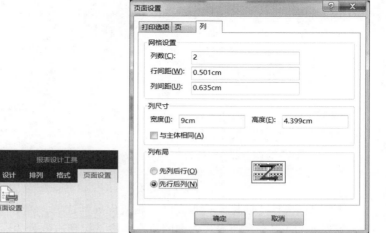

Access
报表设计工具
文件
开始
创建
外部数据
数据库工具
设计
排列
格式
页面设置
显示边距
仅打印数据
纸张大小
页边距
纵向
横向
列
页面设置
页面大小
页面布局

图 6-24　选择“列”选项

页面设置
打印选项
页
列
网格设置
列数(C): 2
行间距(W): 0.501cm
列间距(U): 0.635cm
列尺寸
宽度(I): 9cm
高度(E): 4.399cm
与主体相同(A)
列布局
先列后行(O)
先行后列(N)
确定
取消

图 6-25　“列”选项卡

2. 交叉表报表

交叉表报表是以交叉表查询为记录源的报表。其列标题有静态和动态之分。静态列标题由标签控件实现，动态列标题显示的内容和列数随查询结果而变化，由绑定型文本框控件实现。在创建交叉表报表之前，先建立交叉表查询，方法参见第 4 章。

【例 6-6】使用报表向导创建交叉表报表"教室课表"，如图 6-26 所示。

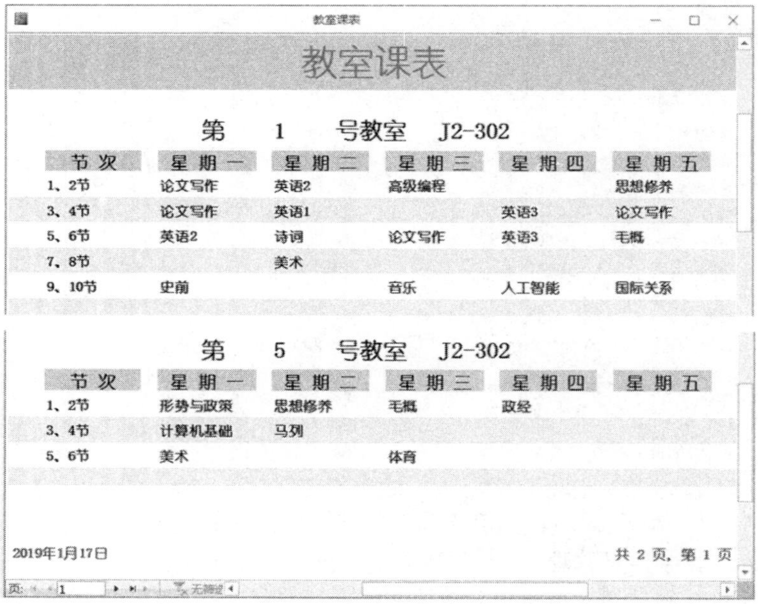

图 6-26　交叉表报表

步骤 1：打开"教学信息管理.accdb"数据库

步骤 2：在导航窗格选择"教室课表"交叉表查询，其设计视图如图 6-27 所示。行标题（节次: [节次] & "、" & [节次]+1 & "节"）;列标题(表达式 1: "星期" & IIf([星期]=1," 一",IIf([星期]=2,"二",IIf([星期]=3,"三",IIf([星期]=4,"四","五")))))。

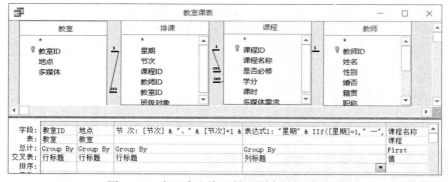

图 6-27　交叉表查询"教室课表"设计视图

步骤 3：选择"创建 → 报表 → 报表向导"选项，弹出"报表向导"对话框。

步骤 4：将"教室课表"查询的所有字段选定到右侧列表，单击"下一步"按钮。

步骤 5：依次选择"教室 ID"和"地点"作为分组依据，在图 6-28 中设置分组，单击"下一步"按钮。

步骤 6：选取"节次"排序，单击"下一步"按钮。

步骤 7：选取"大纲"单选按钮，确定报表的布局，单击"下一步"按钮。

图 6-28 设置分组

步骤 8：默认报表标题与记录源相同"教室课表"，并选择"修改报表设计"选项，单击"完成"按钮，进入报表设计视图。

步骤 9：将"教室 ID 页眉"的"教室 ID"文本框移至"地点页眉"，合并两级页眉的信息，并适当调整格式，如图 6-29 所示，保存完成交叉表报表的创建。

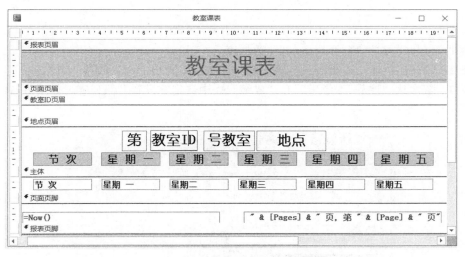

图 6-29 "教室课表"报表设计视图

6.3 使用"设计视图"创建高级报表

报表和窗体设计视图非常类似，可使用的工具也相同，包括字段列表、控件选项组、属性表、标尺等，使用方法完全相同。我们可以由字段列表中拖动字段至报表内。

本节要说明的是使用向导无法完成，且需在设计视图手动完成的高级设计。如果是新报表最好先使用报表向导，让 Access 快速产生报表，再使用设计视图，为报表加入符合实际需求的设计。

分组和计算是报表的重要功能，目的是以某指定字段为依据，将与此字段有关的记录，打印在一起。计算功能则可使用在任意报表，不一定非与分组和排序共同设置，但常在分组报表中，加入更多计算功能，这样的计算才有分析意义。

1. 为报表添加复杂分组依据

【例 6-7】使用报表向导和设计视图共同创建按课程和分数段分组的"课程成绩报表"，如图 6-30 所示。

例 6-7

图 6-30　课程成绩报表

步骤 1：打开"教学信息管理.accdb"数据库。

步骤 2：选择"创建 → 报表 → 报表向导"选项，弹出"报表向导"对话框。

步骤 3：依次从"课程""学生"和"成绩"表中选定字段到右侧列表，如图 6-31 所示，单击"下一步"按钮。

图 6-31　确定报表的使用字段

步骤 4：在图 6-32 设置查看数据的方式，选择"通过 课程"，再单击"下一步"按钮。

步骤 5：单击"汇总选项"按钮，弹出"汇总选项"对话框。

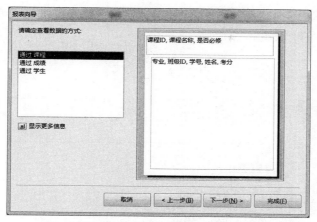

图 6-32　确定查看数据的方式

步骤 6：在图 6-33 中选择"考分"汇总中的"平均""最大"和"最小"复选框，单击"确定"按钮，返回排序，单击"下一步"按钮。

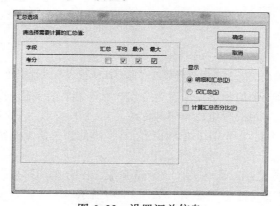

图 6-33　设置汇总信息

步骤 7：如图 6-34 所示，选择"大纲"单选按钮，单击"下一步"按钮（注意区别 3 种布局，各有特色，根据需要选择。）

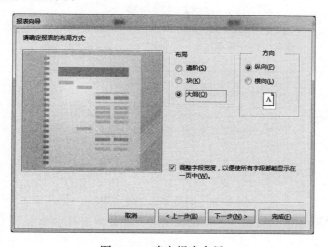

图 6-34　确定报表布局

步骤 8：输入"课程成绩报表"为标题，并选择"修改报表设计"，再单击"完成"按钮。进入设计视图，如图 6-35 所示。

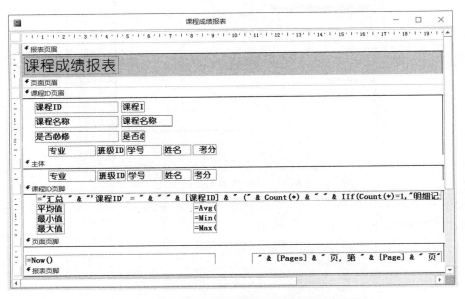

图 6-35　报表向导创建的"课程成绩报表"设计视图

报表向导只能将记录源的原始字段设置为分组、排序和汇总的依据，下面在设计视图中通过表达式设置更为复杂、实用的分组、排序和汇总。

步骤 9：在设计视图中将课程 ID 页眉和课程 ID 页脚的相关信息调整成横排，如图 6-36 所示，使数据显示更为紧凑。

步骤 10：选择"报表设计工具→设计→分组和汇总→分组和排序"（见图 6-37），在设计视图下方启动"分组、排序和汇总"工具，如图 6-38 所示。

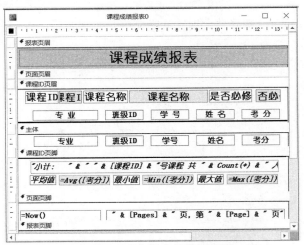

图 6-36　确定报表的使用字段

步骤 11：单击"添加组"按钮，在"选择字段"下拉列表框中单击最下面的"表达式"按钮，如图 6-39 所示，单击"表达式"按钮，弹出"表达式生成器"对话框。

图 6-37 "分组和汇总"选项组

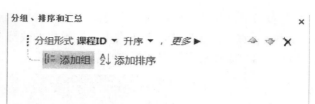

图 6-38 "分组、排序和汇总"工具

步骤 12：在"表达式生成器"对话框中输入"=Int([考分]/10)*10"，单击"确定"按钮返回，指定"降序"。此时设计视图增加"=Int([考分]/10)*10 页眉"空白节。

步骤 13：在"=Int([考分]/10)*10 页眉"添加两个文本框，分别输入表达式"=Int([考分]/10)*10"和"=Count(*)"，用于显示分数段和相应人数。

步骤 14：在"分组、排序和汇总"工具，继续单击"添加排序"按钮，按"考分"降序。

图 6-39 "选择字段"下拉列表框

完成上面的所有设置后进行保存。切换到"打印预览"，得到图 6-30 所示的"课程成绩报表"。这个例题的前半部分使用报表向导创建报表，并进行简单分组和汇总，这样效率更高。后半部分，在设计视图中调整格式，并进一步分组，使报表更加实用、更加符合用户的需求。

2．以设计视图完整创建分组报表

【例 6-8】按月份分组创建"生日排行榜"报表，相同月份组内按过生日先后排序显示学生信息。

步骤 1：打开"教学信息管理.accdb"数据库。

步骤 2：选择"创建 → 报表 → 报表设计"选项，打开报表设计视图，默认有主体节、页面页眉、页面页脚。

例 6-8

步骤 3：在报表"属性表"窗格的"数据"选项卡中，设置报表"记录源"为"学生"表。

步骤 4：在"字段列表"中选中从"学号"到"政治面貌"若干连续字段，将其拖至主体节。各字段呈纵向排列（纵栏表），标签在左，绑定型文本框在右，一行一个字段，如图 6-40 所示。

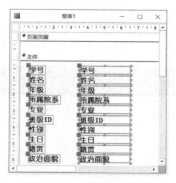

图 6-40 字段纵向排列

步骤 5：选择"报表设计工具 → 排列 → 表 → 表格"选项，如图 6-41 所示。各字段呈横向排列（表格），标签在页面页眉，绑定型文本框在"主体"节，从左至右，如图 6-42 所示。

"表格"布局工具帮助我们快速形成表格，数据集中显示，而且非常整齐。

步骤 6：在"主体"节标题上右击，在弹出的快捷菜单中选择"报表页眉/页脚"命令，如图 6-43 所示，添加报表页眉和报表页脚节。

图 6-41　选择"表格"选项

图 6-42　"表格"布局

步骤 7：在报表页眉居中位置添加标签控件，输入报表标题"生日排行榜"，设置合适的格式。

步骤 8：在报表页脚合适位置添加文本框控件，其中输入表达式"=Count(*)"，用于统计学生总数。

步骤 9：选择"报表设计工具 → 设计 → 页眉/页脚 → 页码"选项，如图 6-44 所示。

步骤 10：在"页码"对话框选择"第 N 页"格式、"页面底端"位置和"居中"对齐，单击"确定"按钮，插入页码。

步骤 11：在"分组、排序和汇总"工具中单击"添加组"按钮，在"选择字段"下拉列表框中单击最下面的"表达式"按钮，弹出"表达式生成器"对话框。

图 6-43　快捷菜单

步骤 12：在"表达式生成器"对话框中输入"=Month([生日])"，单击"确定"按钮返回，增加"=Month([生日])页眉"空白节。

图 6-44　选择"页码"选项

步骤 13：在"=Month([生日])页眉"中添加文本框，输入表达式"=Month([生日])"，用于显示分组月份。

步骤 14：在"分组、排序和汇总"工具中继续单击"添加排序"按钮，在"选择字段"下拉列表框中单击最下面的"表达式"按钮，弹出"表达式生成器"对话框。

步骤 15：在"表达式生成器"对话框中输入"=Day([生日])"，单击"确定"按钮返回，相同月份出生的学生按过生日顺序显示。

步骤 16：完成所有设置，"保存"为"生日排行榜"报表，如图 6-45 所示。

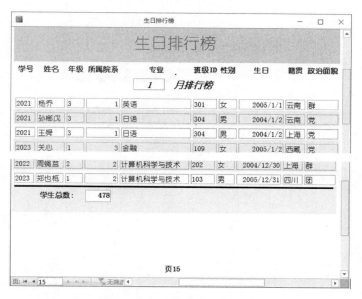

图 6-45　"生日排行榜"报表

这是一个完全使用设计视图创建的报表。大部分情况用户先使用向导创建初步报表，后期再根据实际需求进行相应的修改。

　　分组必定与排序同时设置，"组页眉""组页脚"设置为"是"，则表示为分组字段。反过来说，任何字段都可设置排序，但不一定要使用分组，"组页眉""组页脚"可设置为"否"。

6.4　报表打印

打印报表是设计报表的最终目的，用户要想打印美观的报表，除了合理设计布局之外，还要正确进行打印设置。打印之前先预览，效果满意再打印。

6.4.1　报表页面设置

页面设置指的是报表在打印时的设置，如纸张大小、页边距、打印方向等。用户可有直接在选项组中通过相应的选项直接设置，也可打开"页面设置"对话框进行设置。

在布局视图或设计视图中，可以通过"页面设置"选项卡进行设置，如图 6-46 所示。在打印预览视图可以通过"打印预览"选项卡进行设置，如图 6-47 所示。在这两个选项卡中都有"页面设置"选项，单击可以弹出"页面设置"对话框，进行详细设计设置。对话框中有 3 张选项卡，分别用于设置页边距，纸张大小、方向，列的尺寸、布局等，如图 6-48～图 6-50 所示。

图 6-46　报表"页面设置"选项卡

图 6-47　报表"打印预览"选项卡

图 6-48　"打印选项"选项卡

图 6-49　"页"选项卡

图 6-50　"列"选项卡

6.4.2　分页打印报表

默认情况下，报表会依纸张大小及各节高度自动分页，原则是本页若不够打印时，即移至下一页，但也可为报表设置强制分页位置或方式。

1. 使用"属性表"设置强制分页

"强制分页"是每一节都有的属性，常使用在页眉。

【**例 6-9**】将例 6-7 创建的"课程成绩"报表进行打印。

步骤 1：打开"教学信息管理.accdb"数据库。

例 6-9

步骤 2：在"设计视图"中打开"课程成绩"报表，单击"课程 ID 页眉"节标题，"属性表"窗格中的"格式"选项卡如图 6-51 所示。

步骤 3：将"重复节"设为"是"，将"强制分页"设为"节前"。报表的每门课程不再连续显示，而是另起新一页与前面课程分开。 当一组信息超过一页，每页的页首部分都显示组页眉信息。这里"重复节"就是保证每页都有列标题，便于浏览数据。

步骤 4：选择"报表"的"格式"选项卡，在"页面页眉"和"页面页脚"中均设置"报表页眉不要"，如图 6-52 所示。就是报表页眉单独一页做封皮的情况下，这一页既不要列标题（页面页眉），也不要页码（页面页脚）。如果报表页眉单独一页做封皮，内容和格式都可以进一步丰富，如添加公司 LOGO 图标、报表使用说明、制作单位等信息。

图 6-51 "格式"选项卡

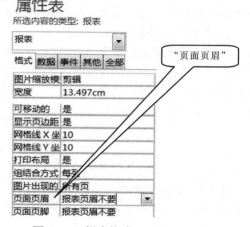

图 6-52 报表格式

2. 分页控件

选择"控件 → 插入分页符"选项，将此控件拖至报表需要分页的位置，这个控件的唯一功能是跳页，不论它在什么位置，打印时只要遇到此控件，就会另起新一页。

6.4.3 打印报表

报表的目的就是打印，打印报表的操作相当简单，只需要在"打印"对话框设置并执行打印即可。

对报表进行打印预览，效果满意后，单击"打印预览"选项卡最左侧的"打印"按钮，弹出"打印"对话框，如图 6-53 所示，可以选择打印机、确定打印范围、打印份数等。

打印的报表多是表格式报表，此时报表会将记录忠实地由上而下逐条打印，直到完毕，这是 Access 打印报表的基本原则。打印中常遇到两个问题：

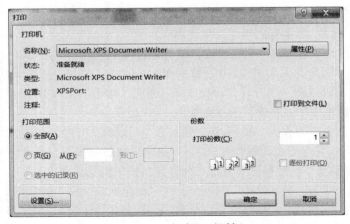

图 6-53 "打印"对话框

1）没有每页打印记录数

用户无法设置一页打印固定记录数，Access 没有这个功能。因为每页可以打印多少条记录受到很多因素的制约。如"主体"节的高度，每条记录之间的行间距、纸张大小、页边距等。

2）没有空白表格线

在大部分报表中，最后一页的空白部分，有些用户要求打印空白表格线，但 Access 没有这项功能。通过打印预览可以发现，表格线只打印到最后一条记录，数据显示结束了，表格线就没有了。这是因为表格线是"主体"节当中的控件，它同"主体"节中的其他数据一样，打印到最后一条记录为止。

本 章 小 结

报表是 Access 数据库的最终输出目标，是数据库中一个非常重要的对象。它不具有交互性，只能单向输出。本章主要讲述：

（1）报表的基本类型和组成；

（2）利用报表向导等工具快速建立简单的报表；

（3）在报表中进行简单分组和汇总；

（4）在设计视图中，利用表达式对报表进行高级分组和计算；

（5）打印报表。

习 题

一、思考题

1. 报表和窗体有何区别？

2. 报表有几部分组成，各部分有何含义？

3. 报表页眉、页脚和页面页眉、页脚的关系如何？

4. 报表中如何实现对数据的排序和分组？

5. 报表中的计算公式常放在哪里？

6. 如何为报表插入页码和打印日期？

7. 打印时报表过宽，如何解决？

二、选择题

1. 报表的设计中，可以做绑定型控件显示记录的是（   ）。

    A. 标签　　　　　　B. 命令按钮　　　　　C. 文本框　　　　　　D. 选项卡

2. 设置报表的属性，需在（   ）视图下操作。

    A. 报表视图　　　　B. 数据表视图　　　　C. 设计视图　　　　　D. 打印预览

3. 报表的功能是（   ）。

    A. 只能输入数据　　　　　　　　　　B. 只能输出数据

    C. 可以输入输出数据　　　　　　　　D. 不能输入输出数据

4. 要实现报表的分组统计，其操作区域是（   ）。

    A. 报表页眉或报表页脚区域　　　　　B. 页面页眉或页面页脚区域

    C. "主体"节区域　　　　　　　　　　D. 组页眉或组页脚区域

5. 在报表的每一页的底部都输出信息，需要设置的区域是（   ）。

    A. 报表页眉　　　　B. 报表页脚　　　　　C. 页面页眉　　　　　D. 页面页脚

6. 以下对报表的理解正确的是（   ）。

    A. 报表与查询功能一样　　　　　　　B. 报表与数据表功能一样

    C. 报表只能输入输出数据　　　　　　D. 报表能输出数据和实现一些计算

7. 报表的数据源是（   ）。

    A. 可以是任意对象　　　　　　　　　B. 只能是表对象

    C. 只能是查询对象　　　　　　　　　D. 表对象或查询对象

8. 要在尾部实现报表的总计，其操作区域是（   ）。

    A. 报表页眉　　　　B. 报表页脚　　　　　C. 页面页眉　　　　　D. 页面页脚

9. 在报表中各种汇总信息，不能出现在（   ）区域。

    A. 报表页眉　　　　B. 报表页脚　　　　　C. 页面页脚　　　　　D. 组页脚

10. 要显示格式为"页码/总页数"的页码，应当设置文本框的控件来源属性是（   ）。

    A. [Page]/[Pages]　　　　　　　　　B. =[Page]/[Pages]

    C. [Page]& "/"&[Pages]　　　　　　　D. =[Page]& "/"&[Pages]

11. 要计算报表中所有学生的"数学"课程的平均成绩，在报表页脚节内对应"数学"字段列的位置添加一个文本框计算控件，应该设置其控件来源属性为：

    A. =Avg([数学])　　B. Avg([数学])　　　C. =Sum([数学])　　D. Sum([数学])

三、填空题

1. 报表中的有_____种类型的视图，分别是_____、_____、_____和设计视图。

2. 报表页眉的内容只能在报表的_____输出。

3. 报表数据的输出不可缺少的内容是_____。

4. 报表数据源可以是_____和_____。

5. 一个完整的报表设计通常由报表页眉、报表页脚及_____、_____、_____、_____、_____七个部分组成。

四、上机实验

在"教学信息管理"数据库中，设计并实现以下操作：

1. 以"学生"数据表为来源建立"籍贯学生"报表，按地区输出学生基本信息，并输出各地区学生数量。

2. 为"教师"打印"职代会入场证"，会议地点：校礼堂；会议时间：本周五下午 2:30（入场证包括姓名、性别、职称、单位、照片）。

3. 打印每个学生的成绩单（包括：学生的学号、姓名、专业、班级，各门课程的课程 ID、课程名称、是否必修和学分，并统计每个学生所学课程门数、平均分）。

4. 建立"教师任课"交叉表报表，并汇总每位教师任课的总课时。

第 **7** 章

宏

宏是 Access 的一个重要对象，可以对 Access 的其他对象进行操作，一般是由一个或多个操作组成的集合，其中每个操作都实现特定的功能。宏可以被重复调用，当需要多次重复同一操作时，用户就可以通过创建宏来实现这些操作。

7.1 宏 概 述

7.1.1 宏的功能

在 Access 中，有几十种基本宏操作，这些基本操作可以完成窗口和用户界面管理、数据查询和筛选、数据导入导出、数据库对象访问等操作。在使用中，很少单独使用基本宏命令，常常是将宏操作组合使用，按照顺序或条件去执行，以完成一种特定任务。这些操作可以通过窗体中控件的某个事件触发执行，或在数据库的运行过程中自动来实现。

宏的功能主要有：

（1）用户界面管理：窗口菜单、工具栏显示和隐藏。

（2）窗口管理：窗口大小、位置调整和窗口移动等。

（3）数据库对象操作：以编辑或只读模式打开和关闭表、查询、窗体和报表。

（4）打印管理：执行报表的预览和打印操作以及报表中数据的发送。

（5）窗口对象操作：设置窗体或报表中控件的各种属性以及值等。

（6）数据操作：执行查询操作，以及数据的过滤、查找、保存。

（7）数据库内外部数据交换：数据导入和导出等。

7.1.2 常用宏操作

在数据库管理系统中，对窗体对象、报表管理和数据维护的宏操作是使用频率最高的。在这些宏操作中，有的操作没有参数（如 Beep），而有的操作必须指定参数（如 OpenForm）。宏操作是非常丰富的，一般的常用 Access 对象操作或数据库数据维护，通过宏操作即可轻易实现。表 7-1 是按功能分类，对常用的宏操作进行整理。

表 7-1　常用宏操作

类　型	命　令	功　能　描　述	参　数　说　明
窗口管理	CloseWindow	关闭指定的窗口。如果无指定的窗口，则关闭当前的活动窗口	对象类型：选择要关闭的对象类型 对象名称：选择要关闭的对象名称 保存：选择"是"和"否"
	MaximizeWindow	活动窗口最大化	无参数
	MinimizeWindow	活动窗口最小化	无参数
	RestoreWindow	窗口还原	无参数
宏命令	CancelEvent	终止一个事件	无参数
	RunCode	运行 Visual Basic 的函数过程	函数名称：要执行的"Function"过程名
	RunMacro	运行一个宏	宏名：所要运行的宏的名称 重复次数：运行宏的最大次数 重复表达式：输入当值为假时停止宏的运行的表达式
	StopMacro	停止当前正在运行的宏	无参数
	StopAllMacro	终止所有正在运行的宏	无参数
筛选/查询/搜索	FindRecord	查找符合指定条件的第一条记录或下一条记录	查找内容：输入要查找的数据 匹配：选择"字段的任何部分""整个字段"或"字段开头" 区分大小写：选择"是"或"否" 搜索：选择"全部""向上"或"向下" 格式化搜索：选择"是"或"否" 只搜索当前字段：选择"是"或"否" 查找第一个：选择"是"或"否"
	FindNextRecord	使用 FindNext 操作可以查找下一个符合前一个 FindRecord 操作或在"查找和替换"对话框中指定条件的记录	无参数
	OpenQuery	打开选择查询或交叉表查询，或者执行操作查询。查询可在"数据表"视图、"设计视图"或"打印预览"中打开	查询名称：打开查询的名称 视图：打开查询的视图 数据模式：查询的数据输入方式
	ShowAllRecords	关闭活动表、查询的结果集合和窗口中所有已应用过的筛选，并且显示表或结果集合，或窗口的基本表或查询中的所有记录	无参数
用户界面命令	AddMenu	为窗体或报表将菜单添加到自定义菜单栏	菜单名称：出现在自定义菜单栏中的菜单的名称； 菜单宏名称：输入或选择宏组名称； 状态栏文字：此文本将出现在状态栏上

续表

类　型	命　令	功 能 描 述	参 数 说 明
用户界面命令	Echo	指定是否打开响应	打开回响：是否响应打开状态栏文字，关闭响应时，在状态栏中显示的文字
	MessageBox	显示含有警告或提示消息的消息框	消息：消息框中的文本； 发嘟嘟声：选择"是"或"否"； 类型：选择消息框的类型； 标题：消息框标题栏中显示文本
数据库对象	GoToControl	将焦点移动到激活的数据表或窗体上指定的字段或控件上	控件名称：输入将要获得焦点的字段或控件名称
	GoToRecord	将表、窗体或查询结果中的指定记录设置为当前记录	对象类型：选择对象类型； 对象名称：当前记录的对象名称； 记录：要作为当前记录的记录，可在"记录"框中单击"向前移动""向后移动""首记录""尾记录""定位"或"新记录"，默认值为"向后移动"； 偏移量：整型数或整型表达式
	OpenForm	在"窗体视图""设计视图""打印预览"或"数据表"视图中打开窗体	窗体名称：打开窗体的名称； 视图：选择打开"窗体视图"或"设计视图"等； 筛选名称：限制窗体中记录的筛选； 当条件：输入一个 SQL WHERE 语句或表达式，以从窗体的数据基本表或查询中选定记录； 数据模式：窗体的数据输入方式； 窗体模式：打开窗体的窗口模式
	OpenReport	在"设计视图"或"打印预览"中打开报表，或立即打印该报表	报表名称：打开报表的名称； 视图：选择打开"报表"或"设计视图"等； 筛选名称：限制报表中记录的筛选； 当条件：输入一个 SQL WHERE 语句或表达式，以从报表的基本表或查询中选定记录； 窗口模式：打开报表的窗口模式
	OpenTable	在"数据表视图""设计视图"或"打印预览"中打开表	表名称：打开表的名称； 视图：打开表的视图； 数据模式：表的数据输入方式
系统命令	Beep	使计算机发出嘟嘟声	无参数
	QuitAccess	退出 Microsoft Access	无参数

7.2　创　建　宏

7.2.1　宏的设计窗口

创建宏或宏组，一般都需要在宏设计窗口中进行，因此先了解宏设计窗口的组成和掌握宏设计窗口的使用。打开宏设计窗口步骤如下：

步骤 1：启动 Access 及打开"教学信息管理.accdb"数据库。

步骤 2：选择"创建→宏与代码→宏"选项，打开宏设计器窗口，如图 7-1 所示。

图 7-1　选择"宏"选项

宏设计器窗口分左右两部分，左边是宏操作指令的选择；右边是程序流程控制和按功能分类的宏操作指令，便于用户快速查找宏操作指令，如图 7-2 所示。

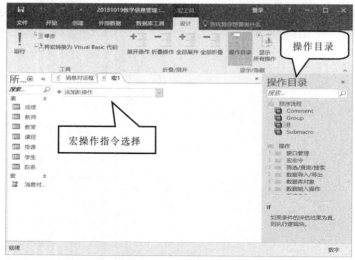

图 7-2　宏设计器窗口

在左边窗口单击"添加新操作"下拉按钮，可从下拉列表框中选择宏操作。宏操作大多数都是带参数的，选中某一个宏操作后，就要在其参数区设置参数。图 7-3 所示是 OpenReport 参数设置图。其中窗口中的按钮功能说明如下：

⊠：删除宏操作。

⊡：选择宏操作或参数。

⊟：折叠宏操作参数。

➕：添加新操作。

▶：展开操作目录。

◀：折叠操作目录。

图 7-3　OpenReport 参数设置图

宏设计窗口的工具栏分 3 个区："展开/折叠"区的 4 个按钮也可以实现对宏操作指令的折叠或展开；"显示/隐藏"区的按钮可以对操作目录进行显示或隐藏操作；"工具"区为调试宏操作的工具。

7.2.2　创建简单的宏

创建宏是比较简单的，一般流程是：在宏设计器窗口根据需要选择宏操作序列，设置参数，保存宏。然后测试运行，如有错误则调试除错，最后得到功能正确的宏。用户只需在宏设计器的宏操作列表中进行一些选择，然后对其中的一些属性进行设置即可。下面用一个例子介绍宏的创建过程。

例 7-1

【例 7-1】使用 MessageBox 创建显示信息的对话框。其参数表如表 7-2 所示。

表 7-2　MessageBox 参数表

操 作 参 数	说　明
消息	消息框中的文本。也可用表达式（前面加等号）
发出嘟嘟声	指定是否计算机或设备的扬声器蜂鸣时显示消息。选择是（蜂鸣声）或否（不发出蜂鸣声）即可默认为是
类型	在消息框中输入。每种类型具有不同的图标
标题	在消息框标题栏中显示的文本

步骤 1：启动 Access 并打开"教学信息管理.accdb"数据库。

步骤 2：选择"创建→宏与代码→宏"选项，打开宏设计器窗口，如图 7-4 所示。

步骤 3：从"添加新操作"下拉列表框中选择"MessageBox"，如图 7-4 所示。

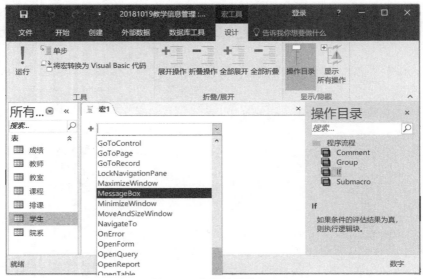

图 7-4　宏设计器窗口

步骤 4：设置 MessageBox 操作相关的参数（"消息""发嘟嘟声""类型"和"标题"），如图 7-5 所示。

步骤 5：单击"保存"按钮，将该宏保存为"欢迎消息宏"，如图 7-6 所示。

步骤 6：单击"运行"按钮，运行"欢迎消息宏"。在消息框显示时还会听到提示音，如图 7-7 所示。

图 7-5　MessageBox 参数设置

图 7-6　保存宏

【例 7-2】在"教学信息管理.accdb"中创建一个能打开"教师个人信息"窗体的宏。

步骤 1：启动 Access 并打开"教学信息管理.accdb"数据库。

步骤 2：选择"创建→宏与代码→宏"选项，打开宏设计器窗口。

例 7-2

图 7-7　"消息对话框"宏运行图

步骤 3：在宏编辑窗口的"添加新操作"下拉列表框中选择 OpenForm。

步骤 4：设置 OpenForm 操作参数（见图 7-8）。有关参数说明如表 7-3 所示。"视图"选项选择"窗体"，"窗体名称"选项选择要打开的窗体"教师个人信息 1"，当需要在要打开的窗体中显示筛选过的数据，需要在"筛选名称"项指定数据源，在"当条件"项设定筛选条件，筛选条件相当于查询中 WHERE 子句，没有筛选这两项时可空着。"数据模式"项根据要打开窗口的功能可设定为"增加"、"编辑"和"只读"，这个例子中只显示数据，设定为"只读"。"窗口模式"项设定为"普通"。

步骤 5：保存该宏为"打开窗体"。然后运行该宏，运行结果如图 7-9 所示。

表 7-3　"OpenForm"操作参数

操 作 参 数	说　明
窗体名称	要打开的窗体名称。窗体名称框中显示当前数据库中所有窗体的下拉列表。这是必需的参数
视图	将在其中打开窗体视图。在视图框中选择窗体、设计、打印预览、数据表、数据透视表或数据透视图。视图参数设置会覆盖窗体的默认视图和视图属性的设置
筛选名称	窗体所用的数据源，一般是表名或查询名。如果数据源是 SQL 语句，可先将 SQL 语句另存为查询
当条件	有效 SQL WHERE 子句
数据模式	数据输入窗体模式。这仅适用于在窗体的窗体视图或数据表视图中打开。选择添加（用户可以添加新记录，但不能编辑现有记录）、编辑（用户可以编辑现有记录，也可以添加新记录）或只读（用户只能查看记录）。数据模式参数设置会覆盖窗体属性中相关数据属性设置
窗口模式	打开窗体窗口模式。选择普通（设置其属性的方式打开窗体）、隐藏（隐藏窗体）、图标（窗体打开最小化为屏幕底部的小的标题栏），或对话框（窗体的模式和弹出窗口属性设置为是）。默认为普通

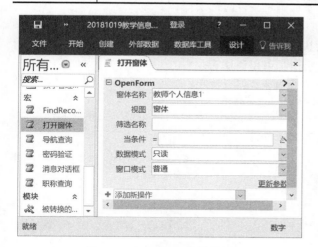

图 7-8　OpenForm 参数设置

图 7-9　"打开窗体"宏运行结果

另外，若按图 7-10 带筛选参数设置 OpenForm 参数，则运行结果如图 7-11 所示。

 说　明

宏操作 OpenReport、OpenTable 和 OpenQuery 和 OpenForm 的相关参数用法是一样的，OpenForm 和 OpenReport 参数设置会覆盖原窗体或报表相关属性的设置。

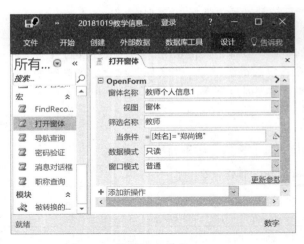

图 7-10 带筛选参数的 OpenForm

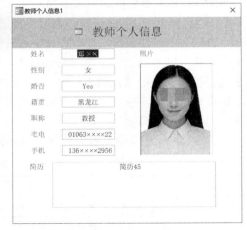

图 7-11 筛选结果

7.2.3 创建条件宏

条件宏是当满足某些特定条件才执行的宏操作，在数据库的操作中，有时需要根据指定的条件来完成一个或多个宏操作，可以使用条件控制宏操作。创建带有条件的宏操作方法如下：

（1）创建宏，打开宏设计窗口。

（2）在操作目录的"程序流程"中，双击"If"，在宏编辑区添加一条件控制语句。

（3）编辑条件的逻辑表达式，在该条件添加满足条件时的宏操作。

宏的"条件"是逻辑表达式，返回的值只能是"真"True 或"假"False。运行时将根据条件结果是"真"或"假"，决定是否执行或可执行宏操作。有时要根据窗体或报表上的控件值来设定条件，需要窗体或报表上控件的值进行引用，引用语法为：

Forms! [窗体名]! [控件名] 或 [Forms] ! [窗体名]! [控件名]

Reports! [窗体名]! [控件名] 或 [Reports] ! [窗体名]! [控件名]

在 Access 宏设计中，条件是通过流程控制 If 语句实现的，If 语句可实现单一条件判断，也可实现二条件和多条件判断。If 的用法如图 7-12 所示：

```
If 逻辑表达式 Then
    宏操作序列
End If
```

（a）单一条件判断

```
If 逻辑表达式 Then
    宏操作序列 1
Else
    宏操作序列 2
End If
```

（b）二条件判断

```
If 逻辑表达式 1 Then
    宏操作序列 1
Else If 逻辑表达式 2 Then
    宏操作序列 2
Else If 逻辑表达式 3 Then
    宏操作序列 4
    ……
End If
```

（c）多条件判断

图 7-12 "IF"的几种用法

另外，If 语句也可能嵌套使用，从而实现更复杂的逻辑判断。

【例 7-3】在"教学信息管理.accdb"数据库中用宏操作实现教师职称查询功能。

步骤 1：启动 Access 并打开"教学信息管理.accdb"数据库。

例 7-3

步骤 2：创建多个项目窗体，如图 7-13 所示。

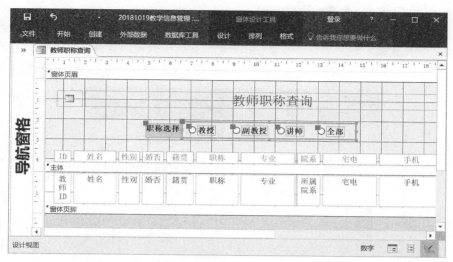

图 7-13 多个项目窗体

步骤 3：并在窗体页眉区添加可选择职称的选项组控件，将该选项组控件名称改为 ZC，如图 7-14 所示。将窗体保存为"教师职称查询"。

步骤 4：选择"创建→宏与代码→宏"选项，打开宏设计器窗口。

步骤 5：在宏设计器的"添加新操作"下拉列表框中选择 IF。构造"IF…THEN…END IF"单条件判断。通过选项组控件 ZC 的返回值判断用户选择的职称名称，当 ZC 值为 1 时用户选择"教授"，为 2 时选择的是"副教授"，依次类推，如图 7-15 所示。

步骤 6：当满足 ZC 值为 1 的条件时，用 SetFilter 操作来设置筛选器，筛选出满足"[职称]="教授""条件的所有记录，如图 7-15 所示。

步骤 7：保存宏名为"职称查询"宏，如图 7-15 所示。

图 7-14 控件名称为 ZC

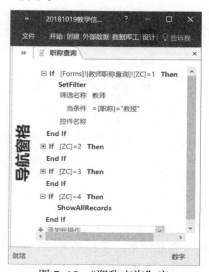

图 7-15 "职称查询"宏

步骤 8：当用户选择"副教授"和"讲师"时，用同样的方法筛选出符合条件的记录。

步骤9：当用户选择"全部"即 ZC 值为 4 时，调用 ShowAllRecords 操作清除所有的筛选条件，显示全部记录，如图 7-15 所示。

步骤10：显示选项组控件 ZC "属性表"窗格，选择"事件"选项卡，在"更新后"下拉列表框中将"职称查询"宏关联到"教师职称查询"窗体中选项组控件 ZC 的"更新后"事件，如图 7-16 所示。当选项组控件 ZC 职称选择发生变化时便会触发"职称查询"宏的执行。

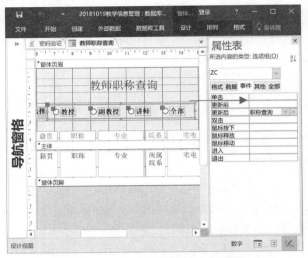

图 7-16　宏与选项组更新后的元器件关联

步骤11：运行"教师职称查询"窗体，单击不同职称，观察窗口显示职称的变化。图 7-17 是选择"副教授"时的运行结果。

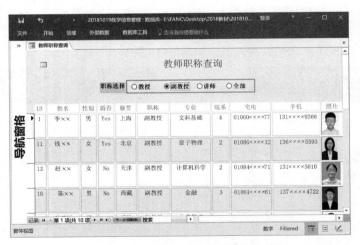

图 7-17　"教师职称查询"窗体筛选结果

🖐 **说　明**

宏设计器窗口中，宏操作可以通过前面的 ⊟ 按钮将参数设置区域折叠起来，也可通过 ⊞ 按钮展开。还可以选中某个宏操作后通过拖动的方式移动其位置，或通过最右边的 × 按钮将其删除。

另外，宏操作 SetFilter 和 AppFilter 的功能和参数相似。

例 7-4

【例 7-4】 使用条件宏实现用户名和密码验证窗体,验证用户输入的用户名和密码是否正确,用户名为 admin,密码为 1234。

步骤 1:在"教学信息管理.accdb"数据库中,创建"模式对话框"窗体,在窗体中添加两个文本框和一个按钮,文本框分别命名为 username 和 password,将 password 的输入掩码设为"密码",按钮的标题设为"登录",并将窗体保存为"登录窗口",如图 7-18 所示。

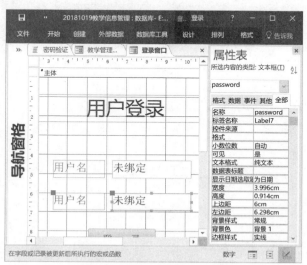

图 7-18 "登录窗口"窗体

步骤 2:创建另一个"模式对话框"窗体,在窗体中放入 7 个按钮和 1 个标签,窗体界面如图 7-19 所示,将窗体保存为"教学管理系统"。

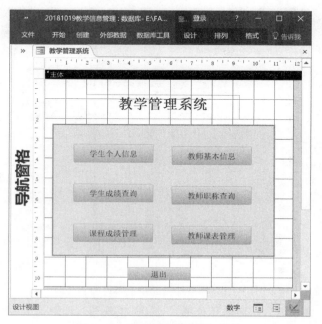

图 7-19 "教学管理系统"窗体

步骤 3：创建名为"密码验证"宏，如图 7–20 所示。在"添加新操作"下拉列表框中选择"If"，构造"IF…THEN…ELSE…END IF"二分支条件判断。先通过 IsNull() 函数判断用户名和密码是否为空，若两者都不为空，则接着判断用户名和密码是否正确，在用户名和密码都正确的条件下，关闭"登录窗口"，然后打开"教学管理系统"窗体。"密码验证"宏对 If…Then…Else 结构进行多层嵌套使用。

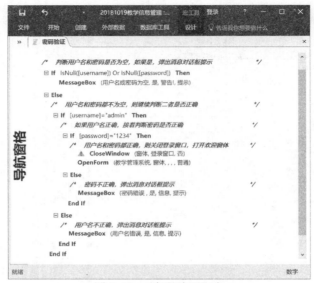

图 7–20   "密码验证"宏

步骤 4：将"登录窗口"中的"登录"按钮的单击事件与"密码验证"宏关联，当单击"登录"按钮时就会触发"密码验证"宏执行，如图 7–21 所示。

图 7–21   登录按钮的单击事件与宏关联

步骤 5：运行"登录窗口"窗体（见图 7–22），正确填写用户名 admin 和密码 1234，单击"登录"按钮，验证通过后运行结果如图 7–23 所示。

图 7-22　运行"登录窗口"窗体

图 7-23　验证通过

 说明

在宏设计器窗口中，为了便于他人理解和程序可读性更好，可以在宏操作序列中添加必要的说明和解释，这可通过双击操作目录中流程控制中的 Comment 来实现，双击 Comment，会在宏操作序列光标所在位置添加一条注释。

7.2.4　创建子宏和宏组

前面所讲的宏都是独立的宏，对于一个复杂的数据库管理系统，需要很多不同的功能，每个功能对应一个独立的宏，在一个数据库系统下大量的宏集中在一起，不便于维护和管理。在这种情况下可能用子宏来实现这些功能，在一个宏内可以有很多子宏，每个子宏都有自己的名字，可以像独立的宏一样独立运行。宏组就是包含一组子宏的宏。

【例 7-5】在"教师个人信息 1"窗体上加上记录导航和按姓名查找教师信息的功能。

步骤 1：在"教学信息管理.accdb"数据库中打开"教师个人信息 1"窗体，在窗体右侧添加 1 个文本框和 6 个按钮，文本框名称为 xm，按钮标题分别修改为"查找""第一条""下一条""上一条""最后一条"和"退出"，并将窗体另存为"教师个人信息 2"窗体，如图 7-24 所示。

例 7-5

图 7-24　"教师个人信息 2"窗体

步骤 2：新创建宏并保存为"导航查询"，在宏设计器右侧操作目录中双击 Submacro。在宏设计窗口添加子宏模块，子宏命名为 FIRST，功能是导航到表的首条记录，如图 7-25 所示。

步骤 3：双击"操作目录"中"数据库对象"的 GoToRecord，在子宏体内添加 GoToRecord 宏操作，参数设置如图 7-25 所示。

图 7-25　FIRST 子宏

步骤 4：按照步骤 2 过程实现子宏 NEXT，功能是向后移动一条记录，如图 7-26 所示。依次类推，分别实现 PREVIOUS、LAST 子宏，功能分别是向后移动一移记录、导航到最后一条记录。

图 7-26　NEXT 子宏

步骤 5：在宏设计窗口添加子宏模块，子宏命名为 FIND，功能是查找姓名为用户输入在 xm 文本框中的教师个人信息。实现该功能需要 FindRecord 和 GoToControl 宏操作配合使用。FindRecord 宏操作可以对窗体上光标所在字段起进行查找，所以先用 GoToControl 宏操作将光标移动到"教师个人信息 2"窗体中的"姓名"文本框中。双击"操作目录"中"数据库对象"的 GoToControl，在子宏体内添加 GoToControl 宏操作，参数设置如图 7-27 所示。然后双击"操作目录"中"数据库对象"的"FindRecord"，在子宏体内添加"FindRecord"宏操作，设置"FindRecord"宏操作参数如图 7-27 所示。这样在窗体按姓名查找的子宏 FIND 就写好了。

步骤 6：宏设计窗口添加子宏模块，子宏命名为 CLOSE，功能是关闭窗体。双击"操作目录"中"窗口管理"的 CloseWindow，在子宏体内添加 CloseWindow 宏操作，参数设置如图 7-28 所示。

图 7-27 FIND 子宏

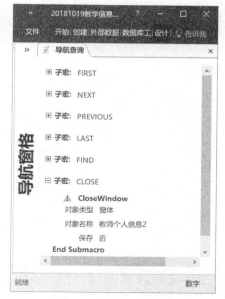

图 7-28 CLOSE 子宏

步骤 7：单击"保存"按钮，将该组包含 6 个子宏的宏组包保存到"导航查询"宏中。

步骤 8：将查找功能子宏 FIND 与"教师个人信息 2"窗体中的"查找"按钮单击事件关联起来。打开"教师个人信息 2"窗体设计视图，选中"查找"按钮并右击，在弹出的快捷菜单中选择"属性"命令，打开"属性表"窗格，在"事件"选项卡的"单击"下拉列表框中选择"导航查询.FIND"子宏，完成子宏与按钮单击事件的关联，如图 7-29 所示。

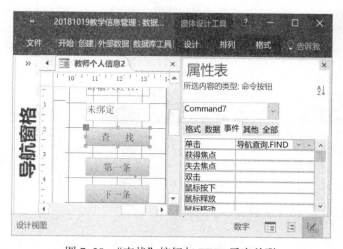

图 7-29 "查找"按钮与 FIND 子宏关联

步骤 9：参照步骤 8，依次将"导航查询.FIRST""导航查询.NEXT""导航查询.PREVIOUS""导航查询.LAST""导航查询.CLOSE" 5 个子宏关联到按钮"第一条""下一条""上一条""最后一条"和"关闭"按钮的单击事件中。

步骤 10：运行"教师个人信息 2"窗体，依次点击导航按钮，查看记录导航效果；并在 xm 文本框中输入一教师姓名，单击"查找"按钮，查找该教师个人信息，如图 7-30 所示。

图 7-30　查找结果

7.2.5　创建嵌入式宏

前面设计的宏都有宏名，有的宏可以直接运行，有的宏通过按钮单击事件触发运行。嵌入的宏只和窗体或报表特定对象的事件关联，宏代码存储在事件属性中，并且是其所属的对象的一部分。每个嵌入的宏都是独立的，只能被窗体或报表中所属的对象使用。并且嵌入的宏在导航窗格中不可见，只能通过对象的属性表进行设计、编辑和修改。

【例 7-6】在"教学信息管理"窗体通过嵌入式宏实现单击"教师基本信息"按钮打开"教师个人信息 2"窗体的功能。

步骤 1：在"教学信息管理.accdb"数据库中打开"教学信息管理"窗体，单击"教师基本信息"按钮，打开"属性表"窗格，如图 7-31 所示。

例 7-6

步骤 2：选择"事件"选项卡，然后单击"单击"事件的"选择生成器"按钮，弹出"选择生成器"对话框，如图 7-32 所示。

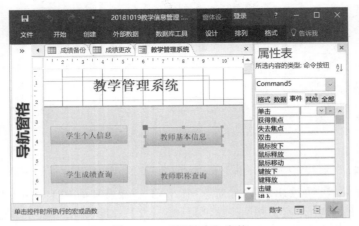

图 7-31　"属性表"窗格

图 7-32　"选择生成器"对话框

步骤 3：选择"宏生成器"并单击"确定"以显示宏窗口。

步骤 4：向宏中添加 OpenForm 操作，然后将"窗体名称"参数设置为"教师个人信息 2"窗体，如图 7-33 所示。

步骤 5：关闭嵌入的宏，并在提示保存更改并更新属性时单击"确定"按钮。此时，"教师基本信息"按钮的单击事件属性显示"[嵌入的宏]"。

步骤 6：运行"教学信息管理"窗体，单击"教师基本信息"按钮，弹出"教师个人信息"窗体，如图 7-34 所示。

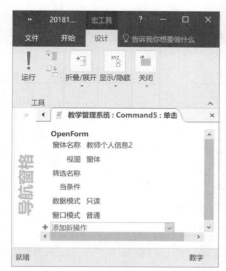

图 7-33　嵌入式宏设计窗口

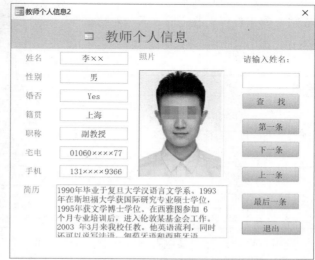

图 7-34　嵌入式宏运行结果

使用同样的方法，也可以将"教学信息管理"窗体中"教师职称查询"按钮与"教师职称查询"窗体关联起来。

相比于使用其他的宏，使用嵌入的宏具有一些优势。如果复制包含有嵌入宏的按钮并将其粘贴到另一个窗体上，嵌入的宏会随之一起移动。不必通过单独的操作来复制并粘贴代码。类似地，如果在同一个窗体上剪切并粘贴按钮，不必将代码重新附加到按钮。

7.2.6　创建数据宏

数据宏是附加到表的逻辑，用于在表级别实施特定的业务规则。在某些方面，数据宏与有效性规则类似，只不过比有效性规则的功能更强大，有效性规则只能验证数据，而不能修改数据。数据宏可以在表级别监控、管理和维护表数据的活动。

大多数情况下，数据宏用于实施业务规则，例如某个字段的阈值触发其他数据的变化，或者在数据输入过程中执行数据转换。数据宏是作用于表级别应用，它们在任何使用表数据的地方均起作用，不仅在窗体、报表中使用，甚至也可以在 Web 应用中使用。

在数据表视图中查看表时，可从"表"选项卡管理数据宏，数据宏不显示在导航窗格的"宏"下。有两种主要的数据宏类型：一种是由表事件触发的数据宏（也称"事件驱动的"数据宏），一种是为响应按名称调用而运行的数据宏（也称"已命名的"数据宏），如图 7-35 所示。

图 7-35　表数据相关事件

根据表数据发生的变化过程，触发数据宏的表事件分为别是"更改前""删除前""插入后""更新后"以及"删除后"5 种。这些事件又分为"前期事件"和"后期事件"："前期事件"发生在对表数据进行更改之前，而"后期事件"表示数据已经成功地完成了更改。具体如表 7-4 所示。

表 7-4　表事件

事件分类	事件	功能
前期事件	更改前	更改前数据宏在记录更改动作发生且保存记录之前运行，通常用来进行逻辑验证，以决定记录是否允许被修改或显示错误以停止修改
	删除前	删除前数据宏在记录删除动作发生且记录被真正删除之前运行，通常用来进行逻辑验证，以决定记录是否允许被删除或显示错误以停止删除
后期事件	插入后	插入后数据宏是指在新记录被添加到表后所运行的逻辑
	更新后	更新后数据宏是指在现有记录被更改后所运行的逻辑
	删除后	删除后数据宏是指在记录被删除后所运行的逻辑

当用户更新现有记录以及向表中插入新记录时，都会触发"更改前"事件；当用户默认情况下，"更改前"或"删除前"数据宏中对某个字段的引用会自动指向当前记录。

数据宏使用的宏设计器与创建嵌入的宏和用户界面宏所用的设计器相同。在掌握了宏设计器的操作方法后，可使用它进行所有宏开发和宏管理。主要差别在于：在不同的事件中，操作目录会包含不同的操作，由于不涉及窗体、窗口和用户界面等对象，可用于数据宏的操作子集要比标准宏小得多，但是如果精心设计和实施，数据宏可以为 Access 应用程序添加强大的功能。常用的数据宏如表 7-5 所示。

表 7-5　数据宏操作

类型	操作命令	命令功能
数据块	CreateRecord	在指定表中创建新记录
	EditRecord	更改现有记录中包含的值
	ForEachRecord	对域中的每条记录重复
	LookupRecord	查找所选对象中的记录
数据操作	SetField	用于将字段值设置为表达式的结果
	RaiseError	可取消当前被激发的事件，并弹出消息框，参数"错误号"为整数，表示错误级别，参数"错误描述"为文本，用作在消息框中显示的文本
	RunDateMacro	运行数据宏
	SetLocalVar	将本地变量设置为给定值（为变量赋值）
	SetTempVar	将临时变量设置为给定值

【例 7-7】在"教学信息管理.accdb"数据库中对"成绩"表输入"考分"字段进行校验，当输入考分大于 100 分时，自动以 100 分保存；当输入考分小于 0 分时，自动以 0 分保存。

例 7-7

步骤 1：在"教学信息管理.accdb"数据库中打开"成绩"表，选择"表"选项卡，如图 7-36 所示。

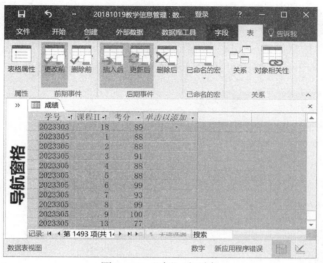

图 7-36　"表"选项卡

步骤 2：在"表"选项卡中单击"更改前"按钮，打开数据宏设计器，如图 7-36 所示。

步骤 3：在"操作目录"的"程序流程"区双击 IF，在设计区加入条件控制块。并设计成"IF...THEN...ELSE　IF...THEN...END　IF"二条件判断，对大于 100 分和小于 0 分的两种情况进行处理，如图 7-37 所示。

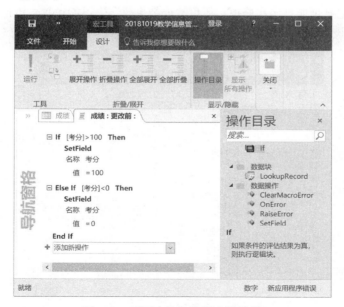

图 7-37　"更改前"数据宏设计器

步骤 4：在"操作目录"的"数据操作"区双击"SetField"，添加"SetField"宏操作，在步骤 3 中两种情况下分别将"考分"字段的值分别设置为 100 和 0，如图 7-37 所示。

步骤 5：保存并关闭数据宏，在"成绩"表中将某个学生的考分修改成大于 100 或小于 0 的分值，观察实现存入"成绩"表中的考分值，如图 7-38 所示。

【例 7-8】在"教学信息管理.accdb"数据库对"成绩"表中"考分"输入后一般不允许再修改，一旦修改就要记录下来。用数据宏实现对"成绩"表中"考分"所有修改的记录。

例 7-8

步骤 1：在"教学信息管理.accdb"数据库复制"成绩"表然后再粘贴表结构，保存新表为"成绩更改"表。修改过的记录将被转存到该表中，如图 7-39 所示。

图 7-38 "更改前"数据宏运行结果　　　　　图 7-39 粘贴表结构

步骤 2：一条记录可能被多次修改，所以"成绩更改"表不能设置主键。打开"成绩更改"表设计视图，删除该表主键，保存表并退出设计视图，如图 7-40 所示。

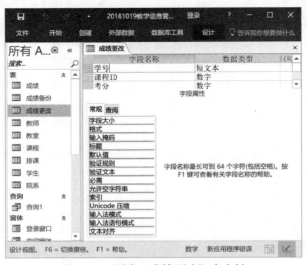

图 7-40 删除"成绩更改"表主键

步骤 3：在"教学信息管理.accdb"数据库中打开"成绩"表，选择"表"选项卡，单击"已命名的宏"按钮，选择"创建已命名的宏"选项，打开数据宏设计器，如图 7-41 所示。

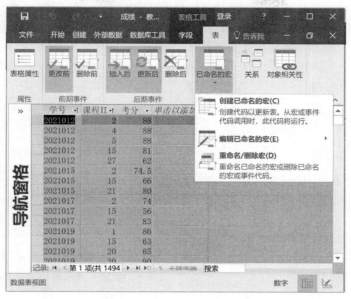

图 7-41 创建"已命名的宏"

步骤 4：在"操作目录"的"数据块"区双击 CreatRecord，添加 CreatRecord 宏操作，在"所选对象中创建记录"下拉列表框中选择"成绩更改"表。

步骤 5：在 CreatRecord 区单击"添加新操作"按钮，添加 SetField 宏操作，依次对"成绩更改"表中 3 个字段"学号""课程 id""考分"用"成绩"表中对应的字段进行赋值，如图 7-42 所示。

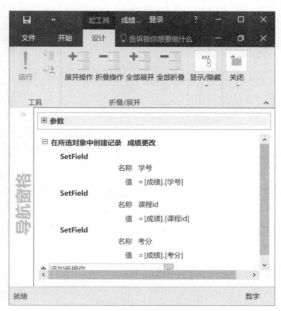

图 7-42 为字段赋值

步骤 6：单击"保存"按钮，将该数据宏保存为 SaveModifiedScore。关闭宏设计器窗口。

步骤 7：在"表"选项卡中单击"更新后"按钮，再次打开数据宏设计器。

步骤 8：在宏设计器"添加新操作"下拉列表框中选择 RunDataMacro 操作，操作参数设置为"成绩.SaveModifiedScore"，如图 7-43 所示。

步骤 9：单击"保存"按钮，关闭宏设计器窗口。

步骤 10：打开"成绩"表，随机修改几条学生的考分，然后再打开"成绩更改"表，会发现所有修改过的记录被转存到"成绩更改"表中，如图 7-44 所示。

图 7-43 "已命名的宏"调用

图 7-44 "更新后"数据宏运行结果

 说 明

成绩表中的数据宏 SaveModifiedScore 的操作也可以直接放到"更新后"事件中，这里把它写成"已命名的宏"的形式，原因是可以在不同的事件中反复调用。例如本例中只在"成绩更改"表保存"成绩"表中更改的记录，并不会保存新插入的记录。如果把"成绩"表新记录也保存下来，在"成绩"表"插入后"事件中调用 SaveModifiedScore 宏即可实现。

7.2.7 创建自运行宏

当特定应用的数据库应用系统设计完成后，就可以使用该系统进行工作。一般在 Access 环境下设计的数据库应用系统不能脱离 Access 软件环境来运行，所以数据库应用系统设计完成后，可以将 Access 的菜单和导航栏隐藏起来，一打开数据库就自动运行某个指定窗体或宏，进入自己设计数据库应用系统。实现这种打开 Access 就自动运行的宏称为自运行宏。宏设计后要自动执行，只要将该宏以 autoexec 名字保存即可。

【例 7-9】在"教学信息管理.accdb"数据库中设计自运行宏，实现一启动 Access 就显示"登录窗口"窗体。

步骤 1：在"教学信息管理.accdb"数据库中打开宏设计器。

步骤 2：在"添加新操作"添加 OpenForm 操作，其参数设置如图 7-45 所示。

例 7-9

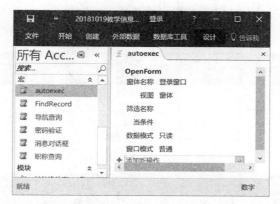

图 7-45　自运行宏 autoexec

步骤 3：点击"保存"按钮，将该宏名保存为 autoexec。

步骤 4：关闭"教学信息管理.accdb"。

步骤 5：重新打开"教学信息管理.accdb"，即可看到 autoexec 宏运行结果，如图 7-46 所示。

图 7-46　autoexec 运行结果

7.3　宏的调试与错误处理

宏设计好后即可运行测试，如发现有问题可以通过调试来定位错误，找出问题所在。调试宏可以用单步运行的方式来定位和发现错误，也可以使用 OnError 宏操作捕捉和处理错误信息。

7.3.1　单步运行的方式调试宏

单步运行的方式调试宏就是人工控制一条一条去运行所有宏操作，每一条宏操作都弹出一个对话框，显示出相应的操作参数信息，如遇到包含有错误的宏操作，就会显示出错信息，终止后面的宏操作。这样就可以定位错误出在何处，找出有问题的宏操作。

【例 7-10】单步运行"教学信息管理.accdb"数据库中的"密码验证"宏。

步骤 1：在"教学信息管理.accdb"数据库中打开宏设计器。

例 7-10

步骤2：在工具栏中单击"单步"按钮，使其处于选中状态，如图7-47所示。"密码验证"宏如图7-48所示。

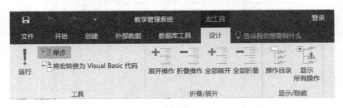

图7-47　设置单步运行

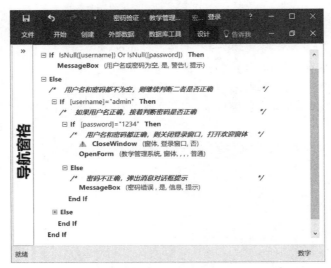

图7-48　"密码验证"宏

步骤3：运行"登录窗口"窗体，输入正确的用户名和密码，单击"登录"按钮。

步骤4：系统就会弹出"单步执行宏"对话框。如图7-49所示是执行到条件判断[password]="1234"为真值时即将运行OpenForm情况。

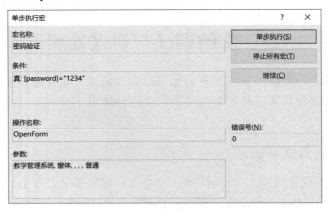

图7-49　"单步执行宏"对话框

步骤5：单击图7-49中的"单步执行"按钮，接着执行后面的宏操作。也可以单击"停止所有宏"终止宏的执行。

步骤 6：假设将"密码验证"宏中的"教学管理窗体"误写成"教师管理窗体"，重新打开"登录窗口"窗体运行"密码验证"宏，单步执行到步骤 4 后将会出现图 7-50 所示的错误提示。

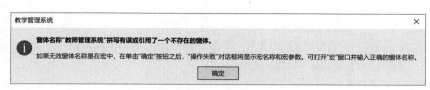

图 7-50　错误提示

7.3.2　OnError 宏操作处理错误信息

OnError 宏操作在宏运行发生错误时被执行，指示如何处理错误。OnError 宏操作在错误发生时有 3 种处理错误的方式：第一种是继续执行下一条操作，好像错误被忽略一样；第二种跳转到用户自定义错误处理宏中；第三种停止当前宏，并显示错误消息。这 3 种处理方式对应 OnError 宏操作 3 种不同的参数设置，如表 7-6 所示。

表 7-6　OnError 宏操作参数

参　　　数	功　　　能
下一个	宏将继续执行下一步操作
宏名	停止当前宏并运行以宏名参数的子宏
失败	将停止当前宏，并显示一条错误消息

在宏运行中发生错误时，有关错误的信息存储在 MacroError 对象中。可以通过 MacroError 对象的相关属性来查看出错原因。MacroError 对象有六种属性，如表 7-7 所示。

表 7-7　MacroError 对象属性

属　　　性	说　　　明
ActionName	出错时所执行的宏操作的名称
Arguments	发生错误时正在执行的宏操作的参数
Condition	发生错误时正在执行的宏操作的条件
Description	描述当前错误信息的文本
MacroName	发生错误时正在运行的宏的名称
Number	当前的错误类型号

MacroError 对象只能记录一个错误的信息。如果在一个宏中出现多个错误，MacroError 对象将包含最后一个出错信息。

【例 7-11】若"教学信息管理.accdb"数据库中"密码验证"宏中"教学管理窗体"误写成"教师管理窗体"，使用 OnError 宏操作显示错误作息。

步骤 1：在"教学信息管理.accdb"数据库中以设计视图打开"密码验证"宏。

步骤 2：在"密码验证"宏开头添加 OnError 宏操作，其参数设置如图 7-51 所示。功能是"密码验证"宏发生错误时，跳转到 ErrorHandler 子宏来处理。

例 7-11

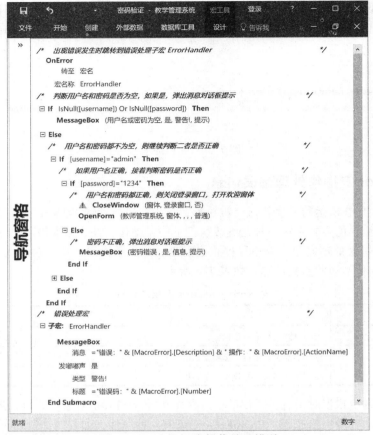

图 7-51　OnError 宏操作处理错误

步骤 3：在"密码验证"宏尾部添加子宏 ErrorHandler，参数设置如图 7-51 所示。功能是通过 MacroError 的 Description 属性获取错误说明文本，通过 MacroError 的 ActionName 属性获取出错时所执行的宏操作的名称，并用 MessageBox 宏将这些错误信息显示出来。

步骤 4：打开"登录窗口"窗体，输入正确的用户名和密码，单击"登录"按钮运行"密码验证"宏，显出图 7-52 所示的错误信息提示框。

图 7-52　错误信息提示框

本 章 小 结

宏是 Access 的一个重要对象，可以对 Access 的其他对象进行操作，是实现数据库高效管理的重要工具。本章主要讲述：

（1）常用的宏操作使用。

（2）条件宏。

（3）子宏与宏组。

（4）嵌入式宏。

（5）数据宏。

（6）宏的调试与错误处理方法。

习　题

一、思考题

1. 嵌入的宏和子宏有什么不同？

2. 数据宏在哪些情况下被执行？

3. 什么情况下宏可以不依赖窗体能直接运行？

4. OnError 宏操作与其他宏操作相比，有什么特点？

二、选择题

1. 下列操作中，适合使用宏的是（　　　）。

   A. 修改数据表结构　　　　　　　　B. 创建自定义过程

   C. 打开或关闭报表对象　　　　　　D. 处理报表中的错误

2. 宏操作不能处理的是（　　　）。

   A. 打开报表　　　　　　　　　　　B. 对错误进行处理

   C. 显示提示信息　　　　　　　　　D. 打开和关闭窗体

3. 要限制宏命令的操作范围，可以在创建宏时定义（　　　）。

   A. 宏操作对象　　　　　　　　　　B. 宏条件表达式

   C. 窗体或报表控件属性　　　　　　D. 宏操作目标

4. 使用宏组的目的是（　　　）。

   A. 设计出功能复杂的宏　　　　　　B. 设计出包含大量操作的宏

   C. 减少程序内存消耗　　　　　　　D. 对多个宏进行组织和管理

5. 为窗体或报表的控件设置属性值的正确宏操作命令是（　　　）。

   A. Beep　　　　　B. Echo　　　　　C. MessageBox　　　D. SetValue

6. 下列属于通知或警告用户的命令是（　　　）。

   A. PrintOut　　　B. OutputTo　　　C. MessageBox　　　D. RunWarnings

7. 打开查询的宏操作是（　　　）。

   A. OpenForm　　　B. OpenQuery　　　C. OpenTable　　　D. OpenModule

8. 宏操作 QuitAccess 的功能是（　　　）。

   A. 关闭表　　　　B. 退出宏　　　　C. 退出查询　　　D. 退出 Access

9. 在 Access 数据库中，自动启动宏的名称是（　　　）。

   A. autoexec　　　B. auto　　　　　C. auto.bat　　　　D. autoexec.bat

10. 在一个数据库中已经设置了自动宏 autoexec，如果在打开数据库时不想执行这个自动宏，正确的操作是（　　　）。

A. 用 Enter 键打开数据库   B. 打开数据库时按住 Alt 键

C. 打开数据库时按住 Ctrl 键   D. 打开数据库时按住 Shift 键

11. 在宏的条件表达式中，要引用窗体 F1 上的 Text1 文本框的值，应该使用的表达式是（   ）。

A. [Forms]![F1]![Text1]   B. Text1

C. [F1]![Text1]   D. [Forms][F1][Text1]

12. 在宏的条件表达式中，要引用 rptT 报表上名为 txtName 控件的值，应该使用的表达式为（   ）。

A. [Reports]![rptT]![txtName]   B. Report!txtName

C. rptT!txtName   D. txtName

13. 在宏的调试中，可配合使用设计器上的（   ）工具按钮。

A. "调试"   B. "条件"   C. "单步"   D. "运行"

三、填空题

1. 宏是一个或多个_____的集合。

2. 打开一个数据表应该使用的宏操作是_____。

3. Access 中用于执行指定的 SQL 语言的宏操作名是_____。

4. 在一个查询集中，要将指定的记录设置为当前记录，应该使用的宏操作是_____。

5. 能监控表中数据修改的事件是_____。

四、操作题

1. 创建数据宏，实现对录入成绩表中的数据同步备份到"成绩备份表"。

2. 创建一个嵌入式宏，功能是打开"教学管理系统"窗体时显示"欢迎您使用"。

3. 设计一个宏组"性别查询"，实现按性别查询男生和女生的窗体。

附录 A
习题参考解答

第 1 章习题

一、思考题

略。

二、选择题

1. B	2. A	3. D	4. D	5. A
6. B	7. C	8. B	9. A	10. B
11. C	12. C	13. D	14. D	15. D

三、填空题

1. Access　SQL Server　Oracle　　　2. 数据

3. 二维表　　　　　　　　　　　　4. 关系

5. 选择　投影　联接　　　　　　　6. 投影

7. 工资号　　　　　　　　　　　　8. 一对多关系　多对多关系

9. 数据库管理

第 2 章习题

一、思考题

略。

二、选择题

1. D	2. D	3. D	4. A	5. A
6. B	7. C	8. C	9. B	10. A
11. D				

三、填空题

1. 数据库管理　　　　　　　　　　　　2. 表

3. 表、查询、窗体、报表、宏、Web 数据访问页、模块

4. Web 数据访问页、.accdb

四、上机实验

略。

第 3 章习题

一、思考题

略。

二、选择题

1. C	2. C	3. A	4. C	5. D
6. A	7. A	8. C	9. B	10. B

三、填空题

1. 设计　　　　　　　　　　　　　　2. 数据类型

3. 数据表　　　　　　　　　　　　　4. −1、0、−1、0

5. 高级筛选/排序　　　　　　　　　　6. 冻结

7. 短文本、长文本、数字、大型页码、日期/时间、货币、自动编号、是/否、OLE 对象、超链接、附件、计算、查阅向导，自动编号

8. 输入掩码

四、上机实验

略。

第 4 章习题

一、思考题

略。

二、选择题

1. D	2. A	3. B	4. B	5. B
6. D	7. C	8. D	9. C	10. B
11. A	12. A	13. D	14. D	

三、填空题

1. 选择查询、参数查询、交叉表查询、操作查询和 SQL 查询

2. "教授" or "副教授"　　　　　　　3. 总计

4. 学号　学号　课程 ID　　　　　　5. 与 / and、或 / or

6. SQL　　　　　　　　　　　　　7. sum( )、min( )、count( )

8. 生成表查询、更新查询、追加查询、删除查询

四、上机实验

略。

第 5 章习题

一、思考题

略。

二、选择题

1. B	2. B	3. C	4. B	5. B
6. A	7. B	8. C	9. A	10. A

三、填空题

1. 绑定型控件、非绑定型控件、计算型控件　　2. 列表框、组合框

3. 在目标位置单击或拖动鼠标　　　　　　　　4. 调整大小和排序

5. 纵栏表、表格、数据表、事先建立正确的关联关系

6. 控件、属性　　　　　　　　　　　　　　　7. Ctrl

8. 格式、数据、事件、其他、全部

四、上机实验

略。

第 6 章习题

一、思考题

略。

二、选择题

1. C	2. C	3. B	4. D	5. D
6. D	7. C	8. B	9. C	10. D
11. A				

三、填空题

1. 4、报表视图、打印预览、布局视图　　　　2. 首部

3. 记录源　　　　　　　　　　　　　　　　4. 表、查询

5. 主体　页面页眉　页面页脚　组页眉　组页脚

四、上机实验

略。

第 7 章习题

一、思考题

略。

二、选择题

1. C 2. B 3. B 4. D 5. D

6. C 7. B 8. D 9. A 10. D

11. A 12. A 13. C

三、填空题

1. 操作 2. OpenTable

3. OpenQuery 4. GoToRecord

5. 更新后

四、操作题

略。

附录 B

Access 常用函数

类型	函数名	函数格式	说　明
算术函数	绝对值	Abs(<数值表达式>)	返回数值表达式的绝对值
	取整	Int(<数值表达式>)	返回数值表达式的整数部分，参数为负数时，返回小于等于参数值的第一个负数
		Fix(<数值表达式>)	返回数值表达式的整数部分，参数为负数时，返回大于等于参数值的第一个负数
		Round(<数值表达式>[,<表达式>])	按照指定的小数位数进行四舍五入运算的结果。[<表达式>]是进行四舍五入运算小数点右边应该保留的位数。如果省略数值表达式，默认为保留 0 位小数
	平方根	Sqr(<数值表达式>)	返回数值表达式的平方根值
	符号	Sgn(<数值表达式>)	返回数值表达式值的符号值。当数值表达式值大于 0，返回值为 1；当数值表达式值等于 0，返回值为 0；当数值表达式值小于 0，返回值为–1
	随机数	Rnd(<数值表达式>)	产生一个位于[0，1)区间范围的随机数，为单精度类型。如果数值表达式值小于 0，每次产生相同的随机数；如果数值表达式大于 0，每次产生不同的随机数；如果数值表达式等于 0，产生最近生成的随机数，且生成的随机数序列相同，如果省略数值表达式参数，则默认参数值大于 0
	三角正弦	Sin(<数值表达式>)	返回数值表达式的正弦值
	三角余弦	Cos(<数值表达式>)	返回数值表达式的余弦值
	三角正切	Tan(<数值表达式>)	返回数值表达式的正切值
	自然指数	Exp(<数值表达式>)	计算 e 的 N 次方，返回一个双精度数
	自然对数	Log(<数值表达式>)	计算以 e 为底的数值表达式的值的对数
文本函数	生成空格字符函数	Space(<数值表达式>)	返回由数值表达式的值确定的空格个数组成的空字符串

类型	函数名	函数格式	说　明
文本函数	字符串长度	Len(<字符串表达式>)	返回字符串表达式的字符个数，当字符串表达式是 Null 值时，返回 Null 值
	字符串截取	Left(<字符串表达式>,<N>)	从字符串左边起截取 N 个字符构成的子串。当字符串表达式是 Null 值时，返回 Null 值；当 N 值为 0 时，返回一个空串；当 N 值大于或等于字符串表式的字符个数时，返回字符表达式
		Right(<字符串表达式>,<N>)	从字符串右边起截取 N 个字符构成的子串。当字符串表达式是 Null 值时，返回 Null 值；当 N 值为 0 时，返回一个空串；当 N 值大于或等于字符串表式的字符个数时，返回字符表达式
		Mid(<字符串表达式>,<NI>,[<N2>])	从字符串左边第 N1 个字符起截取 N2 个字符所构成的字符串。N2 可以省略，若省略了 N2，则返的值是：从字符表达式最左端某个字符开始，截到最后一个字符为止的若干个字符
	删除空格	Ltrim(<字符表达式>)	返回字符串去掉前导空格后的字符串
		Rtrim(<字符表达式>)	返回字符串去掉尾部空格后的字符串
		Trim(<字符表达式>)	返回删除前导和尾部空格符后的字符串
	字符串检索	InStr([Start,]<Str1>,<Str2>[,Compare])	检索字符串 Str2 在 Str1 中最早出现的位置，返回一整型数。Start 为可选参数，为数值表达式，设置检索的起始位置，如省略，从第一个字符开始检索。Compare 也为可选参数，值可以取 1、2 或 0（默认值），取 0 表示作二进制比较；取 1 表示作不区分大小写的文本比较；取 2 表示作基于数据库中包含信息的比较。如指定了 Compare 参数，则 Start 一定要有参数
	大小写转换	Ucase(<字符表达式>)	将字符表达式中小写字母转换成大写字母
		Lcase(<字符表达式>)	将字符表达式中大写字母转换成小写字母
	字符重复	String(<N>,<字符表达式>)	返回一个由字符表达式的第 1 个字符重复组成的定长度为 N 值的字符串
日期/时间函数	截取日期分量	Day(<日期表达式>)	返回日期表达式日期的整数（1~31）
		Month(<日期表达式>)	返回日期表达式月份的整数（1~12）
		Year(<日期表达式>)	返回日期表达式年份的整数
		Weekday(<日期表达式>)	返回 1~7 的整数。表示星期几
		Hour(<时间表达式>)	返回时间表达式的小时数（0~23）
		Minute(<时间表达式>)	返回时间表达式的分钟数（0~59）
		Second(<时间表达式>)	返回时间表达式的秒数（0~59）
	截取系统日期和系统时间	Date()	返回当前系统日期
		Time()	返回当前系统时间
		Now()	返回当前系统日期和时间
	时间间隔	DateAdd(<间隔类型>,<间隔值>,<表达式>)	对表达式表示的日期按照间隔加上或减去指定的时间间隔值
		DateDiff(<间隔类型>,<日期1>,<日期 2>[, W1][, W2])	返回日期 1 和日期 2 按照间隔类型所指定的时间间隔数目

续表

类型	函数名	函数格式	说明
日期/时间函数	时间间隔	DatePart<间隔类型>,<日期>[,W1][,W2])	返回日期中按照间隔类型所指定的时间间隔部分值
	返回包含指定年月日的日期	DateSerial(<表达式 1>,<表达式 2>,<表达式 3>)	返回指定年月日的日期，其中表达式 1 为年，表达式 2 为月，表达式 3 为日
	字符串转换日期	DateValue(<字符串表达式>)	返回字符串表达式对应的日期
SQL 聚合函数	总计	Sum(<表达式>)	返回字符表达式中值的总和。字符表达式可以是一个字段名，也可以是一个含字段名的表达式，所含字段应该是数字数据类型的字段
	平均值	Avg(<表达式>)	返回字符表达式中值的平均值。字符表达式可以是一个字段名，也可以是一个含字段名的表达式，所含字段应该是数字数据类型的字段
	计数	Count(<表达式>)	返回字符表达式中值的个数。即统计记录个数。字符表达式可以是一个字段名，也可以是一个含字段名的表达式，所含字段应该是数字数据类型的字段
	最大值	Max(<表达式>)	返回字符表达式中值的最大值。字符表达式可以一个字段名，也可以是一个含字段名的表达式，所含字段应该是数字数据类型的字段
	最小值	Min(<字符表达式>)	返回字符表达式中值的最小字符表达式可以是一个字段名，也可以是一个含字段名的表达式，所含字段应该是数字数据类型的字段
转换函数	字符串转换字符代码	Asc(<字符串表达式>)	返回首字符的 ASCII 码
	字符代码转换成字符	Chr(<字符代码>)	返回与字符代码相关的字符
	数字转换成字符串	Str(<数值表达式>)	将数值表达式值转换成字符串，当一数字转成字符串时，总会在前面保留一个空格来表示正负。表达式值为正
	字符转换成数字	Val(<字符串表达式>)	将数字字符串转换成数值型数字。数字字符串转换时可自动将字符串中的空格、制表符和换行符去掉，当遇到它不能识别为数字的第一个字符时，停止读入字符串。当字符串不是以数字开头时，函数返回 0
程序流程函数	选择	Choose (<索引式>,<选项 1>[,<选项 2>,...[,<选项 n>]])	该函数是根据"索引式"的值来返回选项表中的某个值；当"索引式"值为 1，函数返回"选项 1"的值；"索引式"值为 2，函数返回"选项 2"的值；依次类推
	条件	Iif(<条件式>,<表达式 1>,<表达式 2>)	该函数是根据"条件式"的值来决定函数返回值。"条件式"的值为"真（True）"，函数返回"表达式 1"的值；"条件式"的值为"假（False）"，函数返回"表达式 2"的值
	开关	Switch (<条件式 1>,<表达式 1> [,<条件式 2>, <表达式 2>.[,<条件式 n>,<表达式 n>]])	该函数将返回与条件式列表中最先为 True 的那个条件表达式所对应的表达式的值
消息函数	利用提示框输入	InputBox(提示[,标题][,默认])	在对话框中显示提示信息，等待用户输入文本并按下按钮，并返回文本框中输入的内容（文本型）
	提示框	MsgBox(提示,[,按钮、图标和默认按钮][,标题)	在对话框中显示消息，等待用户单击按钮，并返回一个 Integer 型数值，告诉用户单击的是哪一个按钮

附录 C
Access 窗体属性及其含义

类型	属性名称	属性标识	功　能
	标题	Caption	决定了窗体标题栏显示的文字信息
	默认视图	DefaultView	决定了窗体的显示形式，需在"连接窗体""单一窗体"和"数据表"3个选项中选取
	滚动条	ScrollBars	决定了窗体显示时是否具有窗体滚动条，该属性值有"两者均无""水平""垂直"和"两者都有"4个选项，可以选择其一
	允许"窗体"视图	AllowFormView	属性有两个值："是"和"否"，表明是否可以在窗体视图中查看指定的窗体
	记录选择器	RecordSelectors	属性有两个值："是"和"否"，它决定窗体显示时是否有记录选择器，即数据表最左端是否有标志块
格式属性	导航按钮	NavigationButtons	属性有两个值"是"和"否"，它决定窗体运行时是否有导航条，即数据表最下端是否有导航按钮组。一般如果不需要浏览数据或在窗体本身用户设置了数据浏览按钮时，该属性值应设为"否"，这样可以增加窗体的可读性
	分隔线	DividingLines	属性值需在"是"和"否"两个选项中选取，它决定窗体显示时是否显示窗体各节间的分隔线
	自动调整	AutoResize	属性有两个值："是"和"否"，表示在打开"窗体"窗口时，是否自动调整"窗体"窗口的大小以显示整条记录
	自动居中	AutoCenter	属性值需在"是"和"否"两个选项中选取，它决定窗体显示时是否自动居中
	边框样式	BorderStyle	决定用于窗体的边框和边框元素（标题栏、"控件"菜单、"最小化"和"最大化"按钮或"关闭"按钮）的类型。包括可调边框、细边框、对话框边框和无。一般情况下，对于常规窗体、弹出式窗体和自定义对话框需要使用不同的边框样式
	控制框	ControlBox	属性有两个值："是"和"否"，决定了在"窗体""视图"和"数据表视图"中窗体是否具有"控制"菜单
	最大最小化按钮	MinMaxButtons	决定是否使用 Windows 标准的最大化和最小化

续表

类型	属性名称	属性标识	功　　能
格式属性	图片	Picture	决定显示在命令按钮、图像控件、切换按钮、选项卡控件的页上，或当作窗体或报表的背景图片的位图或其他类型的图形
	图片类型	PictureType	决定将对象的图片存储为链接对象还是嵌入对象
	图片缩放模式	PictureSizeMode	决定对窗体或报表中的图片调整大小的方式
数据属性	记录源	RecordSource	是本数据库中的一个数据表对象名或查询对象名，它指明了该窗体的数据源
	筛选	Filter	对窗体、报表查询或表应用筛选时，指定要实现的记录子集
	排序依据	OrderBy	其属性值是一个字符串表达式，由字段名或字段名表达式组成，指定排序的规则
	允许编辑 允许添加 允许删除	AllowEdits AllowAdditions AllowDeletions	属性值需在"是"或"否"中进行选择，它决定了窗体运行时是否允许对数据进行编辑、添加或删除等操作
	数据输入	DataEntry	属性值需在"是"或"否"两个选项中选取，取值如果为"是"，则在窗体打开时，只显示一个空记录，否则显示已有记录
	记录锁定	RecordLocks	其属性值需在"不锁定""所有记录"和"已编辑的记录"3 个选项中选取，取值为"不锁定"，则在窗体中允许两个或更多用户能够同时编辑同一个记录；取值为"所有记录"，则当在窗体视图打开窗体时，所有基表或几处查询中的记录都将锁定，用户可以读取记录，但在关闭窗体以前不能编辑、添加或删除任何记录；取值为"已编辑的记录"，则当用户开始编辑某个记录中任一字符时，即锁定该条记录，直到用户移动到其他记录
其他属性	弹出方式	PopUp	属性值需在"是"或"否"中进行选择，它决定了窗体或报表是否作为弹出式窗口打开
	模式	Modal	属性值需在"是"或"否"中进行选择，它决定了窗体或报表是否可以作为模式窗口打开。当窗体或报表作为模式窗口打开时，在焦点移到另一个对象之前，必须先关闭该窗口
	循环	Cycle	属性值可以选择"所有记录""当前记录"和"当前页"，表示当移动控制点时按照何种规律移动
	功能区名称	RibbonName	获取或设置在加载指定的窗体时要显示的自定义功能区的名称
	工具栏	Toolbar	决定了要为窗体显示的自定义工具栏
	快捷菜单	ShortcutMenu	属性值需在"是"或"否"中进行选择，它决定了当用右击窗上的对象时是否显示快捷菜单
	菜单栏	MenuBar	指定要为窗体显示的自定义菜单
	快捷菜单栏	ShortcutMenuBar	指定当右击指定的对象时将会出现的快捷菜单

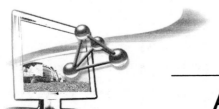

附录 D
Access 控件属性及其含义

类型	属性名称	属性标识	功　能
格式属性	标题	Caption	属性值为控件中显示的文字信息
	格式	Format	用于自定义数字、日期、时间和文本的显示方式
	可见性	Visible	属性值为"是"或"否"，它决定是否显示窗体上的控件
	边框样式	BorderStyle	用于设置控件边框的显示方式
	左边距	Left	用于设置控件在窗体、报表中的位置，即距左边的距离
	背景样式	BackStyle	用于设置控件是否透明，属性值为"常规"或"透明"
	特殊效果	SpecialEffect	用于设置控件的显示效果
	字体名称	FontName	用于设置字段的字体名称
	字号	FontSize	用于设置字体的大小
	字体粗细	FontWeight	用于设置字体的粗细
	倾斜字体	FontItalic	用于设置字体是否倾斜
	背景色	BackColor	用于设置标签显示时的底色
	前景色	ForeColor	用于设置显示内容的颜色
数据属性	控件来源	ControlSource	告诉系统如何检索或保存在窗体中要显示的数据。如果控件来源中包含一个字段名，则在控件中显示的是数据表中该字段的值，对窗体中的数据所进行的任何修改都将被写入字段中；如果该属性值设置为空，除非编写了一个程序，否则在控件中显示的数据不会写入到数据表中。如果该属性含有一个计算表达式，那么该控件显示计算结果
	输入掩码	InputMask	用于设置控件的输入格式，仅对文本型或日期型数据有效
	默认值	DefaultValue	用于设置一个计算型控件或非结合型控件的初始值，可以使用表达式生成器向导来确定默认值
	有效性规则	ValidationRule	用于设置在控件中输入数据的合法性检查表达式，可以使用表达式生成器向导来建立合法性检查表达式
	有效性文本	ValidationText	用于指定违背了有效性规则时，将显示给用户的提示信息

类型	属性名称	属性标识	功　能
数据属性	是否锁定	Locked	用于指定是否可以在"窗体"视图中编辑数据
	可用	Enabled .	用于决定鼠标是否能够单击该控件。如果设置该属性为"否"，这个控件虽然一直在"窗体"视图中显示，但不能用 Tab 键选中它或使用鼠标单击它，同时再窗体中控件显示为灰色
其他属性	名称	Name	用于标识控件名，控件名称必须唯一
	状态栏文字	StatusBarText	用于设置状态栏上的显示文字
	允许自动校正	AllowAutoCorrect	用于更正控件中的拼写错误，选择"是"允许自动更新，否则不允许自动更正
	自动 Tab 键	AutoTab	属性值为"是"或"否"。用以指定当输入文本框控件的输入掩码所允许的最后一个字符时，是否发生自动 Tab 键切换。自动 Tab 键切换会按窗体的 Tab 键次序将焦点移到下一个控件上
	Tab 键索引	TabIndex	用于设置该控件是否自动设置 Tab 键的顺序
	控件提示文本	ControlTipText	用于设置用户在将鼠标放在一个对象上后是否显示提示文本，以及显示的提示文本信息内容

附录 **E**
Access 常用宏操作命令

类型	命 令	功能描述	参数说明
筛选/查询/ 搜索	ApplyFilter	在表、窗体或报表应用筛选、查询或 SQL 的 WHERE 子句,可限制或排序来自表、窗体以及报表的记录	筛选名称:筛选或查询的名称; 当条件:有效的 SQL WHERE 子句或表达式,用以限制表、窗体或报表中的记录; 控件名称:为父窗体输入与要筛选的子窗体或子报表对应的控件的名称或将其保留为空
	FindNextRecord	根据符合最近的 FindRecord 操作,或"查找"对话框中指定条件的下一条记录。使用此操作可反复查找符合条件的记录	此操作没有参数
	FindRecord	查找符合指定条件的第一条或下一条记录	查找内容:要查找的数据,包括文本、数字、日期或表达式; 匹配:要查找的字段范围。包括字段的任何部分、整个字段或字段开头; 区分大小写:选择"是",搜索时区分大小写,否则不区分; 搜索:搜索的方向,包括向下、向上或全部搜索; 格式化搜索:选择"是",则按数据在格式化字段中的格式搜索,否则按数据在数据表中保存的形式搜索 只搜索当前字段:选择"是",仅搜索每条记录的当前字段; 查找第一个:选择"是",则从第一条记录搜索,否则从当前记录搜索
	OpenQuery	在"数据表视图""设计视图"或"打印预览"中打开选择查询或交叉表查询	查询名称:要打开的查询名称; 视图:打开查询的视图; 数据模式:查询的数据输入方式,包括"增加""编辑"或"只读"

续表

类型	命　令	功能描述	参数说明
筛选/查询/搜索	Refresh	刷新视图中的记录	此操作没有参数
	RefreshRecord	刷新当前记录	此操作没有参数
	Requery	通过在查询控件的数据源来更新活动对象中特定控件的数据	控件名称：要更新的控件名称
	ShowAllRecords	从激活的表、查询或窗体中删除所有已应用的筛选。可显示表或结果集中的所有记录，或显示窗体基本表或查询中的所有记录	此操作没有参数
系统命令	CloseDatabase	关闭当前数据库	此操作没有参数
	DisplayHourglassPointer	当执行宏时，将正常光标变为沙漏形状（或选择的其他图标）。宏执行完成后恢复正常光标	显示沙漏：是为显示，否为不显示
	QuitAccess	退出 Access 时选择一种保存方式	选项：提示、全部保存、退出
	Beep	使计算机发出嘟嘟声。使用此操作可表示错误情况或重要的可视性变化	此操作没有参数
数据库对象	GoToRecord	使指定的记录成为打开的表、窗体或查询结果数据集中的当前记录	对象类型：当前记录的对象类型；对象名称：当前记录的对象名称；记录：当前记录；偏移量：整型数或整型表达式
	GoToControl	将焦点移到被激活的数据表或窗体的指定字段或控件上	控件名称：将要获得焦点的字段或控件名称
	OpenForm	在"窗体视图""设计视图""打印预览"或"数据表视图"中打开一个窗体，并通过选择窗体的数据输入与窗体方式，限制窗体所显示的记录	窗体名称：打开窗体的名称；视图：打开"窗体视图"；筛选名称：限制窗体中记录的筛选；当条件：有效的 SQL WHERE 子句或 Access 用来从窗体的基表或基础查询中选择记录的表达式；数据模式：窗体的数据输入方式；窗口模式：打开窗体的窗口模式
	OpenReport	在"设计视图"或"打印预览"中打开报表或立即打印报表，也可以限制需要在报表中打印的记录	报表名称：打开报表的名称；视图：打开报表的视图；筛选名称：查询的名称或另存为查询的筛选的名称；当条件：有效的 SQL WHERE 子句或 Access 用来从报表的基表或基础查询中选择记录的表达式；窗口模式：打开报表的窗口模式
	OpenTable	在"数据表视图""设计视图"或"打印预览"中打开表，也可以选择表的数据输入方式	表名：打开表的名称；视图：打开表的视图；数据模式：表的数据输入方式
	PrintObject	打印当前对象	此操作没有参数

续表

类型	命　令	功能描述	参数说明
宏命令	RunMacro	运行宏	宏名称：要运行的宏名称； 重复次数：运行宏的次数上限值； 重复表达式：重复运行宏的条件
	StopMacro	停止正在运行的宏	此操作没有参数
	StopAllMacros	终止所有正在运行的宏	此操作没有参数
	RunDataMacro	运行数据宏	宏名称：要运行的数据宏名称
	SingleStep	暂停宏的执行并打开"单步执行宏"对话框	宏名称：要运行的宏名称
	RunCode	运行 Visual Basic 的函数过程	函数名称：要执行的 Function 过程名
	RunMenuCommand	运行一个 Access 菜单命令	命令：输入或选择要执行的命令
	CancelEvent	取消一个事件	此操作没有参数
	SetLocalVar	将本地变量设置为给定值	名称：本地变量的名称； 表达式：用于设定此本地变量的表达式
窗口管理	MaximizeWindow	活动窗口最大化	此操作没有参数
	MinimizeWindow	活动窗口最小化	此操作没有参数
	RestoreWindow	窗口复原	此操作没有参数
	MoveAndSizeWindow	活动并调整活动窗口	右：窗口左上角新的水平位置； 向下：窗口左上角新的垂直位置； 宽度：窗口的新宽度； 高度：窗口的新高度
	CloseWindow	关闭指定的 Access 窗口。如果没有指定窗口，则关闭活动窗口	对象类型：要关闭的窗口中的对象类型； 对象名称：要关闭的对象名称； 保存：关闭时是否保存对对象的更改
数据输入操作	SaveRecord	保存当前记录	此操作没有参数
	DeleteRecord	删除当前记录	此操作没有参数
	EditListItems	编辑查阅列表中的项	此操作没有参数
用户界面命令	MessageBox	显示包含警告信息或其他信息的消息框	消息：消息框中的文本； 发嘟嘟声：是否在显示信息时发出嘟嘟声； 类型：消息框的类型； 标题：消息框标题栏中显示的文本
	AddMenu	可将自定义菜单、自定义快捷菜单替换窗体或报表的内置菜单或内置的快捷菜单，也可替换所有 Microsoft Access 窗口的内置菜单栏	菜单名称：所建菜单名称；　菜单宏名称：已建菜单宏名称； 状态栏文字：状态栏上显示的文字
	SetMenuItem	激活窗口设置自定义菜单（包括全局菜单）上菜单项的状态	菜单索引：指定菜单索引；　命令索引：指定命令索引；　子命令索引：指定子命令索引； 标志：菜单项显示方式
	UndoRecord	撤销最近用户的操作	此操作没有参数
	SetDisplayCategories	用于指定要在导航窗格中显示的类型	显示："是"为可选择一个或多个类别，"否"为可隐藏这些类型； 类别：显示或隐藏类别的名称
	Redo	重复最近用户的操作	此操作没有参数